그림에 담긴 지리이야기

일러두기

- 미술 작품명은 홑꺾쇠표 〈 〉로, 그림첩은 겹꺾쇠표 《 》로 표기했습니다.
- 작품의 정보는 '화가명, 작품명, 제작 연도, 소장처' 순으로 기재했습니다.
- 이 책에 사용된 대부분의 작품들은 소장처에 사용 허락을 받았습니다. 본문에 실린 이미지 중 저작권 허락을 미리 받지 못한 경우, 추후 저작권자가 확인되면 절차에 따라 저작권 계약을 진행하겠습니다.

그림에 담긴

지리 이야기

푸른길

목차

머리말

“텍스트의 시대가 가고 이미지의 시대가 왔다.”라는 문구가 말해 주는 것처럼, 우리는 한 장의 이미지가 수많은 텍스트를 대신하는 시대에 살고 있다. 문자 기호의 지각에 치중했던 문화가 이제는 그림과 영상의 지각을 중요시하는 방향으로 전환되고 있다.

미술가는 미술 작품을 통해 그들의 생각과 느낌을 시각적으로 전달하고 다른 사람과 소통하고자 한다. 이러한 미술 작품에는 예술적인 아름다움뿐만 아니라 자연 및 인문 환경, 그 안에서 살아가는 인간의 모습과 다양한 관계들이 담겨 있다. 또한 그가 살던 시기의 역사·문화적 배경과 사회적 사건들, 그가 살았거나 여행한 지역과 장소의 특징을 반영하여 하나의 미술 작품을 만들어 낸다.

미술 작품의 감상은 미적 감흥 같은 순수한 심미적 체험뿐만 아니라 색채, 구조, 모양 등의 미적 요소를 분석하고 그것이 담고 있는 주제와 의미, 더 나아가 내재적인 의미와 가치를 발견하고 해석하는 과정이 포함된다.

지리학자 역시 오래전부터 미술 작품에 관심이 많았다. 인간의 경험은 시간적 맥락과 시각적으로 표현될 수 있는 공간적 차원으로 이루어진다.

미술가는 그들이 경험하는 공간을 미술 작품으로 표현하고, 지리학자는 이러한 공간을 연구하기 때문에 두 학문 간에는 유사점이 많을 수밖에 없다. 특히 사진이 대중화되기 전 미술 작품은 공간과 시간에 따른 경관의 변화와 인간의 활동을 기록하는 역할을 해 왔기 때문에 미술과 지리는 시각적으로 그리고 공간적으로 매우 가까운 학문 분야이다.

이러한 맥락에서 볼 때, 미술과 지리를 연계하거나 융합한 학교 수업은 매우 의미가 있다. 지리 수업에서 미술 작품을 활용할 경우, 작품의 인문·자연 환경에 대한 해석과 예술가가 살았던 곳에 대한 지리적 접근 등을 다양하게 연계할 수 있다. 이는 학생의 심미적 감성의 발달과 창의적이고 융합적인 사고를 경험하는 기회를 제공할 것이다.

이 책은 미술과 지리의 관계성을 모색하고 관련 논문을 집필한 지리교육과 교수와 미술에 조예가 깊은 중고등학교 지리 교사들이 함께 집필했다. 이 중에는 직접 화가로 활동하고 있는 지리 교사도 포함되어 있다. 이들은 여러 번의 세미나를 통해 미술가와 그림 등을 선정하고 집필한 내용을 검토하면서 많은 노력과 시간을 함께했다.

이 책은 대중적으로 잘 알려진 작가와 작품 중 지리적 의미를 많이 담고 있는 미술 작품을 선정하여 재해석했다. 그리고 최근 새롭게 주목받고 있는 작가와 작품도 많이 담고자 했다.

빛은 보통 우리 눈에는 흰색으로 보이지만, '프리즘'을 통과하면 7가지의 무지개색으로 보인다. 이 책에서는 '지리학'이라는 프리즘을 통해 미처 발견하지 못했던 미술 작품 속 아름다운 무지개를 독자들에게 보여드리고자 노력했다.

또한 전통적으로 지리학에서 강조하는 장소, 공간, 지역, 자연과 인문 환경적 관점뿐만 아니라 최근 지리학의 주요 관심인 지속가능성, 평화, 빈곤, 갈등, 정의, 환경, 세계화 등을 반영하여 작품을 해석해 보았다. 그리고 학생, 교사, 일반인 등 모두가 쉽고 흥미 있게 읽을 수 있도록 사진 자료와 시사 자료를 넣어 내용을 구성했다.

이 책이 출판되기까지 대표 교사로 동분서주한 원요한 선생님, 그림과 내용을 꼼꼼히 검토한 김하나 선생님과 홍현아 선생님, 늘 창의적인 지리 수업을 고민하는 이지은 선생님과 정광윤 선생님, 문화역사지리와 북촌 지역 전문가인 나평순 선생님과 무엇이든지 최선을 다하는 조문정 선생님 모두 감사하며 그동안 고생 많으셨습니다. 끝으로, 이 책이 만들어지기까지 응원해 주시고 도와주신 푸른길 김선기 사장님과 편집팀께도 감사한 마음을 전합니다.

저자를 대표하여

2022년 9월

임은진 씀

1장 그림에 담긴 자연 이야기

묵향을 통해 본 우리나라의 사계절

우리나라는 봄, 여름, 가을, 겨울이라는 사계절이 있다. 이 덕분에 우리 민족은 계절마다 다양한 볼거리, 놀거리, 먹을거리, 즐길거리를 누리며 살아갈 수 있으며 각 계절마다 준비할 것도 많아 부지런할 수밖에 없다. 우리나라는 일반적으로 온대 및 냉대 계절풍 기후에 해당되는데, 이는 유라시아 대륙 동안의 중위도에 위치하기 때문이다.

우리가 자주 사용하는 기후(氣候)라는 말은 어디서부터 시작된 것일까? 기원전 2000년경의 『황제내경(黃帝內經)』의 「장상론(臟象論)」에 "5일을 후(候)라 하고 3후를 1기(氣)라 하며, 6기를 시(時)라 하고 4시를 세(歲)라 한다."라는 구절을 그 기원으로 한다. 여기서 4시는 바로 춘하추동(春夏秋冬)의 사계절을 의미한다. 그래서 전통적으로 1년을 24절기(節氣), 72후로 구분하고 있는 것이다.

24절기는 봄을 알리는 입춘(立春)에서 시작하고 가장 춥다고 일컫는 대

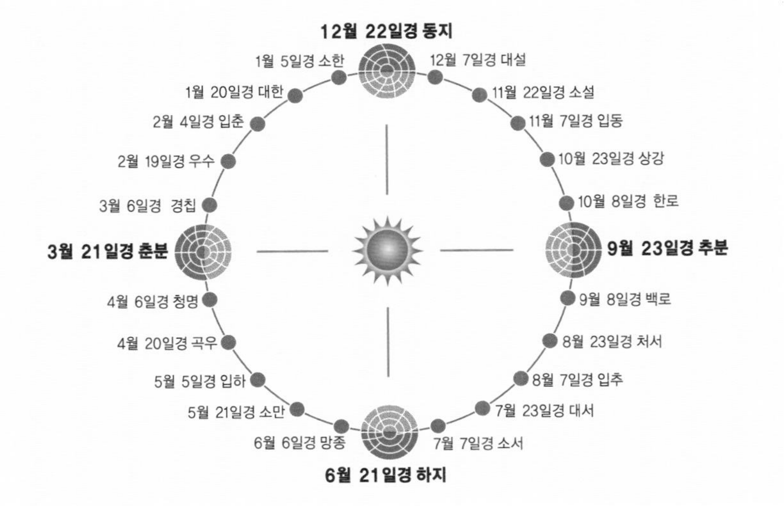

사계절과 24절기

한(大寒)에서 끝난다. 그림 가운데 태양이 있는 것을 보면 알겠지만, 24절기는 동아시아 농경사회의 계절의 변화를 담기 위한 것이다. 따라서 양력을 기준으로 하고 있으며, 농사와 관련된 용어와 의미를 많이 담고 있다. 이러한 우리나라의 계절과 절기를 선조들은 어떻게 그림으로 표현했을까?

봄날 꽃놀이를 하다, 정선의 〈장동춘색〉

진경산수화의 대가인 겸재 정선(鄭敾, 1676~1759)의 〈장동춘색(壯洞春色)〉은 장동에서 꽃구경하는 선비들을 그린 그림이다. 장동은 현재 서촌(西村)으로 불리는 경복궁과 인왕산 사이에 있는 지역을 말한다. 그림 중간에 선비들 여럿이 앉아 있는 곳이 필운대(弼雲臺)이며, 이 그림은 〈필운대상춘(弼雲臺賞春)〉, 〈필운상화(弼雲賞花)〉라고 불리기도 한다. 필운대는 백사 이항복(李恒福, 1556~1618)이 살았던 곳으로도 유명한데, 그의 호가 필운(弼雲)이었다.

조선시대 한양의 봄놀이는 인왕산의 필운대를 최고로 꼽았다. 정선의 그림을 보면 필운대 아래 서촌에는 새싹 돋은 버드나무와 살구꽃 등이 가득하다. 멀리 소나무가 우뚝 서 있는 남산이 보이고, 산 아래 숭례문도 그

정선, 〈장동춘색〉, 18세기, 국립중앙박물관

필운대

려져 있다. 그리고 오른쪽 저 멀리 바위로 된 관악산도 보인다. 아마도 선비들은 서울이 한눈에 보이는 필운대에 앉아 봄 풍경을 만끽하면서 아름다운 시를 읊었을 것이다. 그림을 통해 알 수 있듯이 산수에 대한 감흥을 통해 인격 완성을 추구하는 유교 문화 전통은 조선 유학자들의 자연관과 인생관이 되었으며 대(臺), 정자, 누각은 유교 문화를 상징하는 주요한 특징이 되었다(『한국역사지리』, 2011).

현재 필운대를 가려면 배화여자고등학교 건물 뒤로 올라가야 하는데, 학교 주변에 고층 건물들이 들어서면서 아름다운 풍경이 아쉽게도 많이 가려졌다. 그러나 아직도 바위의 좌측에는 "필운대(弼雲臺)"라고 새겨져 있어 세월의 무상함을 느낄 수 있다.

여름이 오는 길, 단오를 그리다

우리나라 풍속화의 대표적인 인물은 단연 단원 김홍도(金弘道, 1745~1806?)와 혜원 신윤복(申潤福, 1758~1814?)이다. 풍속화는 백성들이 살아가는 모습을 담은 그림을 말한다. 대체로 김홍도는 투박하면서도 강한 선을 활용해 서민들의 일상을 사실적이면서도 해학적으로 표현한 반면, 신윤복은 도시 양반들의 여흥과 여성들의 일상을 세련되고 화사하게 표현했다고 평가받는다. 김홍도의 〈씨름〉과 신윤복의 〈단오풍정(端午風情)〉은 단오라는 동일한 주제를 그렸는데도 불구하고 표현 방식에서 큰 차이가 나타난다.

단오는 우리나라 4대 명절(설, 한식, 단오, 추석) 중에 하나로 음력 5월 5일이다. 단오의 '단(端)'은 첫 번째를 뜻하는 글자이며, '오(午)'는 다섯을 뜻하므로 단오는 초닷새를 말한다. 단오는 양기가 가장 왕성한 날로, 우리나라에서 큰 명절로 여겨진다. 또한 더운 여름을 맞기 전 초하(初夏)의 계절이며, 모내기를 끝내고 풍년을 기원하는 기풍제이기도 하다. 단오에는 남녀노소 모두 고운 옷을 입고 씨름, 그네뛰기 등 다양한 전통 놀이를 즐겼으며 여인들은 창포를 삶은 물에 머리를 감았다.

〈씨름〉은 김홍도의 풍속화첩인 《단원풍속도첩》에 담겨 있는 그림으로 김홍도를 대표하는 작품이다. 둥글게 앉아 있는 구경꾼과 그 안에 두 명의 씨름꾼을 배치하여 안정감과 균형미를 보여 준다. 또한 최선을 다해 힘을 쓰고 있는 두 장사의 표정과 다양한 구경꾼들의 표정이 잘 나타나 있다. 모두 씨름판에 집중하고 있는데 그림 왼쪽의 엿장수는 먼 산을 바라보며 빙그레 웃고 있는 모습으로 표현한 것이 재미있다. 양반과 서민이 함께 씨름을 보면서 흥겨워하는 것을 통해 조선 후기 신분제도의 변화를 추측해 볼 수도 있다.

신윤복의 〈단오풍정〉은 단오의 풍속과 정취라는 의미이다. 깊은 계곡에서 샛노란 저고리에 붉은 다홍치마를 예쁘게 차려입은 한 여성이 그네

김홍도, 〈씨름〉,
18세기, 국립중앙박물관

신윤복, 〈단오풍정〉, 18세기, 간송미술관

를 타려 하고, 몇몇 여인은 목욕을 하며, 긴 다리와 머리를 손질하는 여성도 보인다. 여자만 있는 공간에 바위 뒤쪽으로 두 명의 동자승도 담아내어 풍속화의 해학적인 면도 엿볼 수 있다.

가을날 벼농사 문화를 담은 김홍도의 〈벼 타작〉

김홍도의 《단원풍속도첩》에 담겨 있는 〈벼 타작〉은 우리나라의 벼농사 문화를 엿볼 수 있는 작품이다. 그림 속에는 가을날 벼를 수확해 타작을 하여 알곡을 털어 내는 여섯 명의 소작농과 이를 뒤에서 지켜보는 마름이 표현되어 있다. 마름은 뒤에 쌓아 놓은 볏단 위에 자리를 깔고 태평하게 누워 담배를 물고 있다. 반면 타작에 집중하고 있는 사람들은 윗옷을 풀어헤치고 벗기까지 하며 일을 하고 있다. 이 그림을 통해 우리는 벼농사를 기반으로 한 농업 문화와 조선시대 지주를 대리하여 소작권을 관리하는 마름의 역할을 확인할 수 있다.

벼는 고온다습한 환경에서 잘 자라는 열대성 작물이다. 벼농사가 우리나라에서 가능한 것은 기후와 밀접한 관련이 있는데, 이는 여름철에 북태평양 고기압의 영향으로 남풍 계열의 덥고 습한 바람이 불어와 고온다습한 기후가 나타나기 때문이다. 겨울철 우리나라는 시베리아 기단의 영향을 받아 한랭하고 건조한 바람이 불어온다. 시베리아 기단은 한랭한 공기가 시베리아 대륙에 축적되어 형성된 한랭 건조한 대륙성 기단으로 겨울철 북서 계절풍뿐만 아니라 삼한사온, 꽃샘추위 등과 관련 있으며 우리나라 날씨와 생활에 가장 큰 영향을 미친다.

김홍도, 〈벼 타작〉, 18세기, 국립중앙박물관

보는 것만으로도 코끝이 차가워지는 조희룡의 〈매화서옥도〉

매화를 사랑한 화가, 우봉 조희룡(趙熙龍, 1789~1866)의 〈매화서옥도(梅花書屋圖)〉를 감상해 보자. 앙상한 가지만 남아 있는 산속 깊은 곳에 집 한 채가 자리 잡고 있다. 처연한 느낌을 주는 바깥 풍경과는 달리 집 안은 호롱불이 켜져 있는 듯 밝다. 흐드러지게 표현된 하얀 망울들이 눈인지 매화 꽃잎인지 알 수 없는 추운 겨울, 산속의 선비는 공부에 집중하고 있는 듯

조희룡, 〈매화서옥도〉,
19세기, 간송미술관

하다. 이렇듯 〈매화서옥도〉는 추운 겨울에도 본분을 잃지 않는 선비의 결기를 보여 준다.

주세페 아르침볼도의 사계

주세페 아르침볼도(Guiseppe Arcimboldo, 1529~1593)는 밀라노 출신으로 1562년 프라하 신성로마제국의 궁정화가로 활동했다. 그는 여러 물체를 한데 섞어 전혀 다른 물체처럼 보이는 '이중그림(Gestalt)'으로 유명하다. 그의 대표 작품 〈사계〉에는 각 계절을 대표하는 다양한 요소들로 사계절과 인생이 표현되어 있다. 봄은 만개한 꽃과 싱그러운 초록 잎으로 된 옷을 입은 소년으로, 여름은 제철 과일과 채소를 사용해 열정 가득한 청년으로 그렸다. 가을은 풍요로운 곡식, 단풍잎, 포도 등으로 중년의 얼굴을, 겨울은 앙상한 나뭇가지와 거친 피부로 노년기를 표현했다. 각 계절의 그림에 어떠한 과일, 채소, 곡식 등이 담겨 있는지 살펴보고, 생산 지역과 수출입 이동 경로 등을 찾아보는 것도 매우 재미있고 의미 있을 것이다.

주세페 아르침볼도, 〈사계〉, 1573, 루브르 박물관

두 번째 이야기

예술적 영감이 된 기후

농촌 풍경은 예로부터 많은 화가들에게 영감을 주었다. 특정 지역의 식생과 자연 경관은 그 지역의 기후를 반영한다. 화가들의 작품을 자세히 감상하면 그 지역의 기후를 유추해 볼 수 있다.

빈센트 반 고흐(Vincent Willem van Gogh, 1853~1890)는 네덜란드 출신으로 사후에서야 비로소 사람들에게 그 능력을 인정받았으며 짧은 생애에도 불구하고 20세기 미술에 지대한 영향을 미친 후기 인상주의 화가이다. 개신교 목사의 6남매 중 맏아들인 고흐는 네덜란드 남부 노르트브라반트(Noord-Brabant)의 준데르트(Zundert)라는 작은 시골 마을에서 태어나 어린 시절을 보내고, 16세에 호우필화랑의 헤이그 지점에 수습사원으로 들어갔다. 1873년부터 1875년 5월까지는 런던에서, 1876년 4월까지는 파리의 호우필화랑에서 일했다. 그는 화랑에서 근무하는 동안 다양한 미술 작품을 접할 수 있었다. 이후 영국에서의 짧은 교사 생활을 마친 고흐는

빈센트 반 고흐, 〈밀짚모자를 쓴 자화상〉, 1887, 메트로폴리탄 미술관

목사가 될 결심을 하고 네덜란드로 돌아왔으나, 동생인 테오의 제안으로 그림을 그리기 시작한다. 그는 네덜란드, 벨기에, 프랑스 등의 여러 지방을 돌아다니면서 약 십여 년 동안 800여 점의 유화와 700점 이상의 스케치를 남겼다. 여기서는 고흐의 작품들을 통해 알 수 있는 기후적 특성과 그에 따른 주요 농작물을 소개하고자 한다.

〈감자 먹는 사람들〉은 1885년 초에 그린 그림으로 고흐의 대표작 중 하나이다. 그는 동생이자 후원자였던 친동생 테오에게 보낸 편지에 자신을 '농민화가'라고 언급하고 있으며, 장 프랑수아 밀레(Jean-François Millet)를 매우 존경하여 그처럼 자연 속에서 살고 싶다고 적었다. 또한 여동생에게 쓴 편지에서는 〈감자 먹는 사람들〉을 가장 성공적인 그림으로 생각한다고 말했다.

〈감자 먹는 사람들〉의 어두운 색감은 농부들의 고달픈 삶을 말해 주는 것 같다. 그들의 얼굴과 손은 거칠어 보이고, 소박한 감자와 차로 식사를

빈센트 반 고흐, 〈감자 먹는 사람들〉, 1885, 반 고흐 미술관

대신하고 있다. 그러나 남편으로 보이는 사람을 쳐다보는 젊은 여성의 눈과 표정은 따뜻하여 소박한 사랑의 분위기가 흐른다. 여기서 지리적으로 주목하고자 하는 것은 감자이다. 감자는 쌀, 밀, 옥수수와 함께 4대 식량작물 중 하나로 페루, 칠레 등의 안데스산맥이 원산지이다. 감자의 영문명인 '포테이토(potato)'는 고대 페루에서 감자를 '파파(papa)'라고 한 것에 기원하고 있다.

감자는 콜럼버스의 아메리카 신항로 개척 이후 담배와 함께 유럽에 들어와 전 세계로 퍼져 나갔다. 감자는 서늘한 기후와 척박한 땅에서도 잘 자라는 기적의 구황작물이다. 미국 스미소니언 연구소의 콜럼버스 탄생 500주년 기념관 고문이었던 헨리 홉하우스(Henry Hobhouse)는 『변화의

씨앗: 인류를 바꾼 식물들』이라는 저서에서 말라리아 치료제 원료인 퀴닌, 미국 남북 전쟁의 발단이 된 목화, 유럽 문화를 바꾼 차(tea), 서인도 제도의 새 작물인 사탕수수, 그리고 인류를 기아에서 구한 감자를 인류 역사를 바꾼 5대 씨앗으로 정의했다. 감자가 유럽에 전파된 시기는 16세기경이나, 널리 보급된 것은 18세기에 프로이센 국왕이 감자를 구황작물로 재배를 장려한 후부터이다. 감자가 유럽의 냉량한 기후와 북부 유럽 평원의 사력질 빙하토에 알맞을 뿐만 아니라 생산량이 기상 변화의 영향을 적게 받기 때문이다.

19세기 당시 감자를 식량으로 가장 많이 활용한 국가는 아일랜드였다. 1800년 연합법이 제정되어 아일랜드 왕국이 영국에 합병된 이후 아일랜드의 지배계층은 영국인과 앵글로아일랜드 계층이었다. 이들이 아일랜드 토지의 대부분을 소유한 반면, 대다수의 아일랜드 국민들은 가난하고 불안정한 환경에서 소작농의 삶을 이어 나갔다. 그들은 지배계층으로부터 땅을 빌려 농사하면서 밀, 옥수수 등을 수확했으나 수확한 농작물의 대부분을 지주에게 소작료로 내야만 했다. 이 때문에 재배가 쉽고 생산량이 많은 감자는 아일랜드 국민의 생존을 위해 반드시 필요한 식량이 되었다.

그러나 당시 아일랜드에서 재배되던 감자는 '아일랜드 럼퍼(Irish Lumper)'라는 종뿐이었다. 이러한 단일 품종에 대한 의존은 결국 감자역병균의 전국적인 확산으로 이어졌다. 1844년 미국 동부에서 출발한 선박에 실려 온 감자를 통해 병이 유입된 것으로 추정되며, 그 확산세는 걷잡을 수 없이 퍼져 이후 1846년의 감자 생산량은 대기근 이전의 3/4 정도에 불과했다. 이 결과 아일랜드의 인구는 급감했다. 1841년에 실시한 아일랜드 인구 총조사 당시 8,175,124명이었던 인구가 1851년에는 6,552,385명으로 약 160만 명이 감소되었다.

1882년 고흐는 2년간 파리에서 많은 경험을 했으나 프랑스 남부 지방의 아를(Arles)로 가기로 결심한다. 아를은 프랑스의 지중해 연안 프로방스 지역에 있는 도시로 고흐는 이곳에 머물면서 200여 점의 작품을 남겼다. 이 지역은 지중해성 기후가 나타나기 때문에 여름철에는 뜨거운 태양 아래 맑고 건조하며, 겨울철에는 흐리고 비가 자주 온다. 이러한 날씨가 고흐에게 예술적인 영감을 불어넣어 줬기에 그토록 많은 작품을 그릴 수 있었던 것은 아닐까?

〈아를의 붉은 포도밭〉은 1888년 작품으로 고흐 생전에 판매된 유일한 그림이자 그의 천재성이 절정에 달했을 때 완성된 그림이다. 또한 〈노란 하늘과 태양의 올리브나무〉의 작열하는 태양과 올리브나무를 보면 이 지역이 지중해성 기후인 것을 알 수 있다. 포도와 올리브는 지중해성 기후의

지중해 연안에 위치한 도시 아를

빈센트 반 고흐, 〈아를의 붉은 포도밭〉, 1888, 푸시킨 미술관

빈센트 반 고흐, 〈노란 하늘과 태양의 올리브나무〉, 1889, 미네아폴리스 미술연구소

대표적인 작물이다. 포도는 테라로사(Terra rossa)와 같이 토양의 배수가 잘 되고 여름철 고온건조한 기후가 나타나는 지중해 인근에서 활발히 재배된다. 이 지역은 포도주 생산지로 유명하다. 올리브 역시 이탈리아를 비롯한 지중해 주변 지역의 요리에 많이 쓰이는 재료이다. 올리브의 수확은 품종마다 조금씩 다르지만 보통 매년 가을에서 겨울 사이에 이루어진다.

1888년 12월 고흐는 자신의 귀를 자른 후 매춘부에게 왼쪽 귀 조각을 건넸고, 그 후로 아를 주민들은 그를 '미친 네덜란드 사내'라고 부르며 마을을 떠나라고 강요했다. 그 후 1889년 5월 8일 생레미의 한 정신병원에 들어간 고흐는 입원과 퇴원을 반복하면서 미친듯이 그림을 그렸다. 고흐는 아를의 정신병원을 나와 자신을 치료해 줄 폴 가쉐 박사가 있는 파리 근교의 오베르쉬르우아즈(Auvers-sur-Oise)에 2개월여 동안 머무르며 작품 활동을 했다. 그곳에는 밀밭이 한없이 펼쳐지는 노르망디 평원이 있었다. 그는 그곳에서 〈삼나무가 있는 밀밭〉, 〈까마귀 나는 밀밭〉, 〈오베르 교회〉, 〈닥터 가쉐의 초상〉 등 많은 걸작을 남겼다.

〈삼나무가 있는 밀밭〉의 흔들리는 들과 소용돌이치는 하늘이 고흐의 격정적 삶을 대변하면서도, 색상들의 독특한 율동과 오묘한 조화가 그의 섬세한 감수성을 보여 준다. 반면 〈까마귀 나는 밀밭〉은 "극도의 슬픔과 고독을 표현하고자 했다."라는 동생에게 보낸 편지 내용처럼 인생의 종말을 암시하는 듯한 작품이다. 〈까마귀 나는 밀밭〉은 고흐의 혼란스러운 심정이 고스란히 담긴 작품으로 평가받는다. 1890년 7월 27일 일요일, 고흐는 자신이 머물던 여인숙에서 간단하게 점심을 하고 여느 때와 다름없이 페인트와 이젤, 팔레트를 짊어진 채 집을 나섰다. 그는 이 밀밭에서 권총

빈센트 반 고흐, 〈삼나무가 있는 밀밭〉, 1889, 메트로폴리탄 미술관

으로 자신의 가슴을 쐈고, 이틀 후 동생 테오가 지켜보는 가운데 숨을 거두었다.

고흐가 오베르쉬르우아즈에서 그린 그림에서 자주 보이는 밀은 벼와는 달리 비교적 냉량하고 건조한 지역에서 생산된다. 밀은 파종 시기에 따라

빈센트 반 고흐, 〈까마귀 나는 밀밭〉, 1890, 반 고흐 미술관

봄밀과 가을밀(또는 겨울밀)로 나누기도 한다. 봄밀은 벼처럼 봄에 씨를 뿌려서 여름이나 가을에 수확하는 종류인데, 생장 속도가 빨라 120일이면 수확할 수 있는 종도 있으며 주로 추운 냉대 기후나 서안 해양성 기후를 띤 지역에서 재배한다. 가을밀은 늦가을에 씨를 뿌리고 겨울을 지낸 뒤 다음 해 초여름에 수확하는 종으로 세계적으로 대다수를 차지한다.

빈센트 반 고흐에게 유럽은 삶의 큰 무대였으며 프랑스는 크나큰 예술적 영감이 되었다. 고흐의 작품을 통해서 해당 지역의 자연환경을 유추한 것처럼, 다른 그림을 통해서도 그 지역의 자연환경을 알아보는 것은 매우 의미 있는 감상이 될 것이다.

세 번째 이야기

후지산, 신앙의 대상이자 예술의 원천

여러분은 초등학교 시절 조각칼로 나무판을 파서 그림을 그리고, 그 위에 잉크를 칠해 종이에 찍어 낸 멋진 판화를 만든 기억이 있을 것이다. 이러한 판화는 여러 번 찍어서 똑같은 그림을 만들어 내기 때문에 상업적으로 많이 활용된다. 이것의 특징을 보여 주는 대표적인 사례가 가쓰시카 호쿠사이(葛飾北斎, 1760~1849)의 《부악 36경(富嶽三十六景)》이다. 가쓰시카는 일본에서 가장 높은 산이자 화산인 후지산을 배경으로 한 판화를 제작하여 부와 명성을 얻었고, 오늘날까지도 세계적으로 유명한 작가로 소개되고 있다.

《부악 36경》이 그려질 당시 일본의 시대적 상황

《부악 36경》은 1823년 처음 만들기 시작하여 1831년부터 1835년 무렵에 걸쳐 제작된 것으로 추정된다. 당시에는 에도막부(江戶幕府)가 일본을 지배하고 있었다. 에도막부시대 후기에는 농업 생산량이 크게 늘어나고 상품 작물의 재배가 활발해지면서 상공업과 화폐 경제가 발달했다. 이에 따라 '조닌(町人)'이라고 불리는 상공업자의 사회적 지위가 높아졌고 그들이 주도하는 대중 문화가 폭발적으로 성장했다. 이렇게 탄생한 대중 문화를 조닌 문화라고 하는데, 조닌 문화 중 대표적인 것 하나가 바로 '우키요에(浮世絵)'이다. 우키요에는 당시 사람들의 일상생활이나 풍경, 풍물 등을 그린 그림을 말한다.

가쓰시카는 우키요에가 일본에서 크게 유행하던 시기에 태어났다. 어린 시절부터 그림 그리는 것을 좋아했던 가쓰시카는 19세가 되자 당시 최고의 우키요에 작가인 가츠가와 슌쇼(勝川春章)의 제자가 되었다. 가츠가와가 사망한 뒤 가쓰시카는 우키요에의 틀을 넘어 서양화, 중국화 등 다양한 회화 기술을 배우기 위해 노력했다. 가쓰시카는 새로운 화풍을 만들 때마다 필명을 바꿨는데, 확인된 필명만 무려 30개가 넘는다.

왕성하게 활동했던 가쓰시카는 환갑이 넘은 후 뇌졸중으로 인해 몸의 절반이 마비되자 창작 활동을 중단하게 되었다. 그런데 얼마 지나지 않아 손자가 엄청난 도박 빚을 지게 된다. 남은 인생을 여유롭게 살아갈 나이에 엄청난 빚더미를 떠안게 된 것이다. 가쓰시카는 반신불수가 된 몸으로 손자의 도박 빚을 갚기 위해 다시 그림을 그릴 수밖에 없었다. 그렇다면 무엇을 그려야 그림이 많이 팔리고 돈을 벌 수 있었을까?

가쓰시카가 《부악 36경》을 제작한 1831년부터 1835년 당시 일본에서는 서민 경제가 발달하면서 '여행 붐'이 일어났다. 후지산은 일본인들이 누구나 평생 한 번쯤은 가보고 싶은 명산으로 성지 순례의 대표적인 코스 중 하나였다. 가쓰시카는 이러한 점에 착안하여 후지산을 배경으로 한 우키요에 작품집을 탄생시키고 후지산에 온 관광객에게 판화를 일종의 기념품으로 판매했다. 이 그림은 당시 일본에서 엄청난 인기를 끌었고, 가쓰시카는 손자의 도박 빚 또한 해결할 수 있었다.

《부악 36경》의 주요 작품

앞서 말했듯이 가쓰시카 호쿠사이의 《부악 36경》은 후지산 여행 기념품을 목적으로 그린 작품이다. 그래서 그런지 《부악 36경》을 구성하는 총 46개의 작품 모두가 후지산을 배경으로 한다. 처음에는 36개의 판화만 그렸지만 입소문을 타고 인기가 많아지자 나중에 10개를 추가했다. 당시 일본인에게 후지산이 어떤 의미인지에 대해 가쓰시카는 명쾌하게 꿰뚫고 있었던 것이다. 이 책에서 《부악 36경》의 모든 작품을 다 다룰 수는 없지만 그중 대표적인 세 개의 작품을 살펴보고자 한다.

〈가나가와 해변의 높은 파도 아래〉에는 집채보다 더 큰 파도가 그림 전체를 채우고 있다. 뒤쪽에 작게 보이는 위로 솟은 눈 덮인 산이 후지산이다. 그림에서 작게 표현된 것과는 달리 후지산은 무려 3,776m나 되는 일본에서 가장 높은 산이다. 뾰족하게 위로 솟아오른 형태가 특징인 후지산은 일본의 대표적인 화산지형이기도 하다.

우리나라에도 화산지형이 여러 곳에 나타난다. 대표적인 화산으로 제주도에 위치한 한라산이 떠오를 텐데, 그림에 있는 후지산과 비교해 보면

가쓰시카 호쿠사이, 〈가나가와 해변의 높은 파도 아래〉, 1831~1833년경, 야마나시 현립 박물관

산의 형태가 다르다는 것을 쉽게 알 수 있다.

두 사진은 제주도의 한라산, 일본의 후지산의 전체적인 모습이다. 먼저 한라산의 형태를 자세히 관찰해 보면 아랫 부분은 경사가 완만하게 나타나 마치 방패를 엎어 놓은 듯한 모양을 하고 있다. 이러한 모양의 화산을 한자의 방패 순(盾) 자를 써서 순상화산(盾狀火山)이라고 한다. 순상화산은 점도가 낮고 유동성이 높은 현무암질 용암이 분출될 때 형성된다. 그러나 한라산의 정상부는 경사가 급하게 나타나는데, 이처럼 종을 거꾸로 엎어 놓은 것 같은 화산을 종상화산(鐘狀火山)이라고 한다. 종상화산은 점도가 높아 옆으로 잘 퍼지지 않는 유문암질이나 안산암질 용암이 분출될 때 만들어진다. 한라산은 순상화산과 종상화산이 결합되어 나타나는 복합화산(複合火山)에 해당한다.

반면에 후지산은 용암과 화산쇄설물이 번갈아 분출하면서 쌓여 형성되

한라산 전경

후지산 전경

었다. 그러다 보니 용암층과 화산쇄설물이 층을 이루게 되는데, 이를 성층화산(成層火山)이라고 부른다. 후지산은 대표적인 성층화산이며, 이 화산은 일반적으로 좌우가 대칭이고 경사가 가파른 형태를 띤다.

〈개풍쾌청(凱風快晴)〉은 〈가나가와 해변의 높은 파도 아래〉와 달리 후

가쓰시카 호쿠사이, 〈개풍쾌청〉, 1831~1833년경, 야마나시 현립 박물관

지산을 정면에서 크게 묘사한 그림이다. 여기서 '개풍'이라는 말은 중국 최초의 시가집인 『시경(詩經)』에서 유래했는데, 여름에 부는 남풍이라는 의미이다. 따라서 이 그림은 여름철의 후지산을 묘사한 그림이라고 볼 수 있다. 그림 아랫부분에는 빽빽한 숲, 하늘에는 쾌청한 하늘과 양떼구름, 그 사이에는 눈이 아주 약간 쌓인 채 붉게 물든 후지산이 표현되어 있다.

〈산하백우(山下白雨)〉는 〈개풍쾌청〉과 함께 후지산을 정면에서 크게 묘사한 그림이다. 〈개풍쾌청〉과 비슷하게 표현되었으며 앞서 말했던 성층 화산의 전형적인 형태를 확인할 수 있다. 〈개풍쾌청〉의 후지산은 눈이 거의 녹은 반면 〈산하백우〉의 후지산은 눈이 꽤 쌓인 것을 보니 한여름은 아닌 것으로 보인다.

또한 그림의 아랫부분에는 날카로우면서 곧게 뻗은 선이 그려져 있는

가쓰시카 호쿠사이, 〈산하백우〉, 1831, 야마나시 현립 박물관

데, 이것은 천둥번개를 동반한 폭우를 표현한 것이다. 앞서 보았던 〈개풍쾌청〉과는 그림의 분위기가 다르게 느껴지지 않는가? 일본에서는 〈개풍쾌청〉이 붉은 후지산이라는 의미로 '적부사(赤富士)', 〈산하백우〉는 검은 후지산이라는 의미로 '흑부사(黑富士)'라고 불린다.

일본에는 후지산뿐만 아니라 온타케산, 아소산, 요테이산 등 수많은 화산이 있다. 또한 기카이섬, 사쿠라지마섬 등 현재도 활발히 활동하는 활화산들도 많다. 일본에는 왜 이렇게 화산이 많을까?

판구조론에 따르면 지구 전체의 겉껍질에 해당하는 암석권은 여러 개의 판으로 나뉘어 있고, 그 판들은 서로 다른 방향으로 움직이면서 부딪치거나 갈라진다. 이런 곳에서 화산 활동, 지진 등의 지각 활동이 활발하게 일어난다. 일본은 판의 경계에 걸쳐 있기 때문에 화산 활동과 지진이 자주

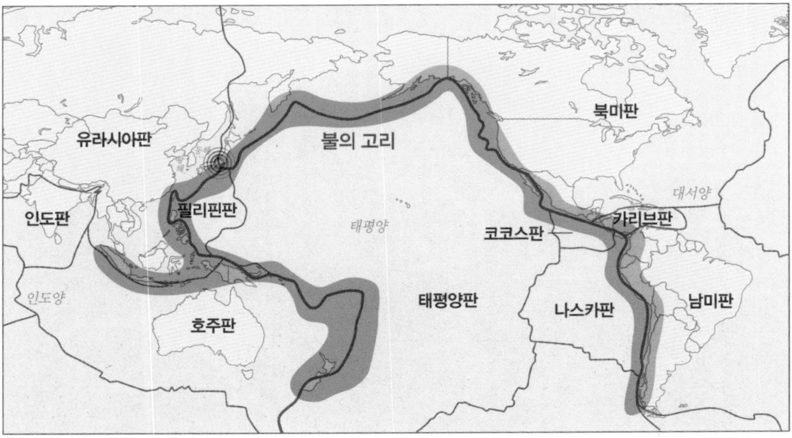

불의 고리

발생하는데, 2011년 3월 일본을 강타한 동일본 대지진처럼 대규모의 지진이 발생하기도 한다. 이때 이 지진에 의해 발생한 바닷물의 물결, 지진 해일(쓰나미)은 일본 동북부 해안을 덮쳐 엄청난 피해를 안겨 줬다.

판의 경계 중에서 화산이나 지진 활동이 가장 활발한 곳 중 하나가 바로 환태평양 조산대이다. 환태평양 조산대는 태평양판을 중심으로 주변의 여러 판들과 부딪치거나 스치면서 형성되는데, 화산 활동이 매우 활발하여 '불의 고리(Ring Of Fire)'라고도 부른다.

성스러운 장소이자 예술적 영감의 원천

후지산은 일본을 대표하는 명산이다. 이에 일본은 2003년에 유네스코 세계자연유산으로 후지산을 등재하는 것을 추진했다. 하지만 후지산 일대의 쓰레기 불법 투기 문제, 후지산이 화산으로서 특별히 인정받을 만한

유네스코 세계유산 등재기준

<table>
<tr><th colspan="2">구분</th><th>기준</th><th>사례</th></tr>
<tr><td rowspan="7">문화
유산</td><td>I</td><td>인간의 창의성으로 빚어진 걸작을 대표할 것</td><td>호주 오페라 하우스</td></tr>
<tr><td>II</td><td>오랜 세월에 걸쳐 또는 세계의 일정 문화권 내에서 건축이나 기술 발전, 기념물 제작, 도시 계획이나 조경 디자인에 있어 인간 가치의 중요한 교환을 반영</td><td>러시아
콜로멘스코예 성당</td></tr>
<tr><td>III</td><td>현존하거나 이미 사라진 문화적 전통이나 문명의 독보적 또는 적어도 특출한 증거일 것</td><td>태국 아유타야 유적</td></tr>
<tr><td>IV</td><td>인류 역사에 있어 중요한 단계를 예증하는 건물, 건축이나 기술의 총체, 경관 유형의 대표적 사례일 것</td><td>한국 종묘</td></tr>
<tr><td>V</td><td>특히 번복할 수 없는 변화의 영향으로 취약해졌을 때 환경이나 인간의 상호작용이나 문화를 대변하는 전통적 정주지나 육지, 바다의 사용을 예증하는 대표 사례</td><td>리비아 가다메스
옛 도시</td></tr>
<tr><td>VI</td><td>사건이나 실존하는 전통, 사상이나 신조, 보편적 중요성이 탁월한 예술 및 문학작품과 직접 또는 가시적으로 연관될 것(다른 기준과 함께 적용 권장)</td><td>일본 히로시마
원폭돔</td></tr>
<tr><td colspan="3">* 모든 문화유산은 진정성(Authenticity; 재질, 기법 등에서 원래 가치 보유) 필요</td></tr>
<tr><td rowspan="4">자연
유산</td><td>VII</td><td>최상의 자연 현상이나 뛰어난 자연미와 미학적 중요성을 지닌 지역을 포함할 것</td><td>케냐 국립공원, 한국 제주 용암동굴·화산섬</td></tr>
<tr><td>VIII</td><td>생명의 기록이나, 지형 발전상의 지질학적 주요 진행과정, 지형학이나 자연지리학적 측면의 중요 특징을 포함해 지구 역사상 주요단계를 입증하는 대표적 사례</td><td>한국 제주
용암동굴·화산섬</td></tr>
<tr><td>IX</td><td>육상, 민물, 해안 및 해양 생태계와 동·식물 군락의 진화 및 발전에 있어 생태학적, 생물학적 주요 진행 과정을 입증하는 대표적 사례일 것</td><td>케냐 국립공원</td></tr>
<tr><td>X</td><td>과학이나 보존 관점에서 볼 때 보편적 가치가 탁월하고 현재 멸종 위기에 처한 종을 포함한 생물학적 다양성의 현장 보존을 위해 가장 중요하고 의미가 큰 자연 서식지를 포괄</td><td>중국 쓰촨 자이언트
판다 보호구역</td></tr>
<tr><td rowspan="2">공통</td><td colspan="3">완전성(Integrity): 유산의 가치를 충분히 보여 줄 수 있는 충분한 제반 요소 보유</td></tr>
<tr><td colspan="3">보호 및 관리체계: 법·행정적 보호 제도, 완충지역(Buffer zone) 설정 등</td></tr>
</table>

출처: 유네스코

독자성이 없다는 점 등으로 인해 심사에서 탈락했다. 이에 따라 일본은 후지산을 세계자연유산이 아닌 세계문화유산에 등재하는 것으로 전략을 바꿨다.

후지산이 산악신앙의 대상으로 많은 순례객들을 끌어들이는 점, 《부악 36경》과 같은 각종 그림과 문학에 반복적으로 등장해 문화적 가치가 높다는 점을 부각했다. 이에 2013년 캄보디아 프놈펜에서 열린 제37차 세계유산 위원회(WHC) 회의에서 '후지산, 성스러운 장소 그리고 예술적 영감의 원천'이라는 명칭으로 세계문화유산에 등재되었다.

후지산이 유네스코 세계문화유산에 등재된 기준은 III과 VI이다. 기준 III은 예로부터 후지산을 중심으로 일본인의 산악숭배가 이어져 오고 있다는 점과 부합한다. 후지산의 장엄한 경관이 많은 사람들의 영감을 불러일으켰으며, 정상 등반 또는 아래쪽 산등성이 성지를 순례하면서 후지산에 깃들어 있는 신과 부처의 영적 능력을 얻을 수 있기를 열망했다. 후지산과 관련된 예술 작품에는 후지산의 완벽한 형태, 풍요로움에 대한 감사, 자연환경과의 공존을 강조한 전통 등이 묘사되어 있다.

기준 VI는 고대 이래로 많은 예술 작품을 탄생시킨 영감의 원천이라는 점과 부합한다. 특히 우키요에에 등장하는 후지산의 모습은 서양 미술의 발달에 중대한 영향을 미쳤다. 고흐의 〈탕기 영감의 초상〉은 우키요에의 영향을 받은 대표적인 작품 중 하나이다. 그림의 배경 가운데에는 후지산이 높게 솟아 있으며, 양쪽에 일본 전통 의상을 입고 있는 여인이 그려져 있다. 일본이 메이지유신 이전까지 나가사키의 데지마(出島)를 통해 유일하게 교역했던 서양 국가가 네덜란드인 만큼, 네덜란드 출신인 고흐는 일

빈센트 반 고흐, 〈탕기 영감의 초상〉, 1887, 로댕 미술관

찍이 우키요에를 접할 수 있었다. 우키요에는 고흐 이외에도 클로드 모네, 에두아르 마네 등 여러 인상파 화가들에게 많은 영향을 주었다.

최근에 물품을 공급하기 위한 트랙터용 도로, 낙석이 떨어지지 않도록 보호하는 등산로의 거대한 차단벽 등이 후지산의 영적 분위기를 저해하고 있다는 지적이 있다. 또한 후지산 주변의 호수(야마나카호, 가와구치호)는 관광과 개발이라는 압력에 직면해 있다. 지나친 개발이 후지산의 영적인 신비감과 완전성을 해치게 된다면 세계문화유산의 가치에도 영향을 미칠 수밖에 없다. 따라서 후지산은 관광을 위한 개발보다는 영적 신비감과 성스러움을 보존하며 일본인들의 신앙과 문화, 예술의 원천으로 남을 필요가 있다.

2장 그림에 담긴 사람 이야기

네 번째 이야기

인종의 용광로, 그 역사를 그리다

인간은 다양한 이유로 거주지를 옮긴다. 소득의 기회가 많은 곳을 찾기도 하고 전쟁을 벗어나 물리적 평화가 보장된 땅을 찾기도 한다. 자연환경, 사회문화적 환경 등 모든 것이 인구 이동에 개입하는 요소로 작용한다. 미국이 지금의 '인종의 용광로'라는 이름을 얻게 된 이유는 무엇일까? 그림을 통해 미국의 인구 이동 과정을 살펴보자.

세계적 인구 이동의 시작, 메이플라워호

1620년 12월 21일, 미 동부 매사추세츠주 플리머스에 한 배가 정착한다. 이 배는 종교의 자유를 찾아 자신들의 삶의 터전이었던 영국을 떠난 이민자들의 역사의 기록으로 남게 된다. 이들은 바로 영국에서 청교도 박해를 피해 신대륙으로 이민을 온 사람들이었다.

영국의 성공회-청교도 간의 종교 갈등과 청교도 박해

우리가 흔히 알고 있는 개신교는 로마 가톨릭(천주교)에 반발하여 종교개혁을 일으켜 세운 교단이다. 개신교는 16세기 유럽에서 루터, 칼뱅 등이 종교개혁을 일으킨 결과로, 로마 가톨릭에서 분리되어 새롭게 만들어진 그리스도교를 모두 일컫는 말이다.

영국 국교인 성공회와 청교도 역시 개신교에 속한다. 성공회는 영국의 국왕인 헨리 8세가 로마 가톨릭으로부터 독립하는 과정에서 형성된 영국의 국가 종교이고, 청교도는 성공회를 개혁하자고 말하는 사람들로 이루어진 또 다른 개혁 종교이다. 청교도가 또다시 개혁을 이야기한 이유는 바로 성공회의 거의 모든 부분이 기존 로마 가톨릭에서 큰 변화가 없었기 때문이다. 성공회 입장에서는 성공회의 부패를 이야기하는 청교도가 당연히 좋게 보일 리 없었다. 따라서 성공회는 청교도에 대한 종교적 탄압을 하게 된다. 이것이 바로 청교도들이 신대륙으로 이주하게 된 결정적인 계기이자, 미국이라는 국가가 탄생하게 된 배경이다.

장 레옹 제롬 페리스(Jean Leon Gerome Ferris, 1863~1930)의 〈첫 추수감사절 1621〉이라는 그림은 메이플라워호를 타고 신대륙 미국에 정착한 영국 청교도들이 이듬해 11월 추수를 마치고 3일간 축제를 연 장면을 묘사하고 있다. 낯선 서양식 복식을 입은 사람들과 인디언들이 섞여 음식을 나누는 이 그림은 자유와 의지의 상징인 신대륙에서의 정착을 표현한다. 낯선 환경에서 버티기 어려운 순간 이주민들은 인디언들의 도움을 받아 작물을 재배했고, 땅에서 소출을 얻었다. 그리고 자신들을 도와준 인디언들을 초대해 그해에 거둬들인 농산물과 사냥으로 잡은 칠면조를 나눠 먹으며 감사의 축제를 벌였다.

이것이 오늘날까지 잘 알려진 추수감사절의 기원이다. 추수감사절은 종교에 따라 인구 이동이 일어난 결과로, 청교도들의 거주지가 신대륙으

장 레옹 제롬 페리스, 〈첫 추수감사절 1621〉, 1912~1915년경, 개인소장

로 완전히 변화했으며 비로소 이곳의 구성원이 되었음을 반영한 의식이 라고 해석할 수 있다.

흑인 노예의 대륙 간 이동

청교도들이 신대륙으로 이주한 이후 또 한 번의 대규모 인구 이동이 발생한 시기는 1600년대에서 1700년대 사이였다. 1600년대 초반 아프리카 흑인 노예들은 선박에 실려 낯선 신대륙에 발을 딛게 된다. 이 당시 미국 남부 지역은 목화, 쌀, 사탕수수 등의 열대 기후 작물을 재배하고 있었다. 신대륙으로 강제 이주된 흑인들은 이러한 작물 농업에 대거 투입되었고, 나머지는 백인 가정의 하인이나 심부름꾼으로 살게 되었다.

이스트먼 존슨(Eastman Johnson, 1824~1906)의 그림 속 흑인들은 얼핏 보면 한가하고, 정신적으로 풍요로운 일상을 누리는 듯하다. 노래하고 악기를 연주하며 서로 사랑을 속삭이기도 한다. 그러나 자세히 들여다보면 흑인들이 거주하는 집은 허물어질 것 같고 유리창은 깨져 있다.

이와 달리 바로 옆에 위치한 백인의 고급 주택은 건물 외관이 말끔하고 밝은 빛을 띠고 있어 대조가 확실하다. 흑인들의 일상 속 작은 평화는 흰색 드레스를 입은 백인 여자에 의해서 관찰되고 있다. 백인 여성에 비하면 흑인들의 차림새는 남루하다. 그림 속에 드러난 주거환경, 의복 등을 통해 흑인들이 누리고 있는 것과 백인들이 누리고 있는 것 사이에는 결코 넘을

이스트먼 존슨, 〈남부 흑인들의 삶〉, 1859, 뉴욕공립도서관

수 없는 한계가 존재한다는 것을 알 수 있다.

에어 크로(Eyre Crowe, 1824~1910)가 그린 흑인 노예시장에 대한 그림은 당시 흑인들의 처우를 확연히 보여 주는 또 다른 증거가 된다. 그림은 에어 크로가 버지니아의 리치먼드 노예시장의 한 장면을 그린 그림이다. 노예들이 자신의 의지와는 상관없이 화폐를 통해 거래되는 모습을 자세히 묘사하면서 신대륙에 정착한 흑인 노예 이주민들의 상황을 보여 준다.

이들은 모두 강제로 이주된 흑인 노예들이다. 팔짱을 끼고 있는 남자 노예의 표정을 통해 이 상황이 얼마나 불합리하고 불만족스러운지 알 수 있다. 반면 이들을 바라보는 백인들은 흑인들의 표정은 아랑곳하지 않은 채 서로 의견을 주고받으며 어떤 노예를 살지 고민하고 있다.

흑인 노예를 주제로 한 두 그림은 강제적 이주를 통해 새로운 곳에 정착

에어 크로, 〈리치먼드 노예시장〉, 1859, 개인소장

하는 이주민들의 삶을 통찰력 있게 보여 준다. 앞서 살펴본 종교적 박해를 피해 이주한 청교도와 흑인 노예 모두 타의에 의한 이주였음은 같지만, 아이러니하게도 그들은 결과적으로 다른 삶을 살게 된다.

유럽에서 미국으로의 대규모 인구 이동

1800년대에서 1900년대로 시간이 흐르면서 유럽 사회에 신대륙은 점차 기회의 땅이라는 믿음이 생겨났다. 소위 '유럽에서 살기 팍팍한' 사람들은 미국으로 건너가면 잘 살 수 있다는 이야기를 듣게 되었고, 이는 대규모의 인구 이동으로 이어졌다.

프랑스 출신으로 영국에서 활동한 화가 제임스 티소(James Tissot, 1836~1902)의 〈굿바이, 머지강에서〉는 영국을 떠나 신대륙으로 향하는 이민선의 모습을 담은 그림이다. 이 그림이 그려진 19세기 후반에는 많은 영국인들이 미국이나 캐나다, 호주 등지로 이민을 갔다. 통계에 따르면 1840년부터 1860년까지 20년 동안 2,700만 명의 영국인 가운데 무려 400만 명 이상이 영국 밖으로 삶의 근거지를 옮겼다. 시민 6명 가운데 1명꼴인 셈이다.

19세기 영국을 비롯한 유럽의 이민자들은 하위계층에 속한 사람이 대부분이었다. 이들은 왜 이주를 택했을까? 이때의 유럽은 산업혁명 속에서 급진적 부를 축적하고 있었다. 하지만 자본가들이 기계를 통해 번성하던 것과 달리 도시 노동자들은 오히려 기계에 밀려 일자리를 빠르게 잃던 시기였다. 이들은 불안한 고용환경과 가난을 벗어나기 위한 새로운 돌파구

제임스 티소,
〈굿바이, 머지강에서〉,
1881, 개인소장

로 신대륙으로의 이주를 택했다. 제임스 티소의 그림은 단순히 고국을 떠나는 사람들을 배웅하는 모습을 담은 그림이 아니라, 산업화 시대의 이면을 보여 주는 그림으로 해석할 수 있다.

아메리칸 드림과 아시아계 노동자들의 정착

샌프란시스코에는 미국에서 가장 큰 규모의 차이나타운이 있다. 차이나타운은 중국계 이민자들이 타지에 모여 형성한 거주지로, 19세기 초반에서 중반 무렵 하와이 사탕수수 농장에서 필요한 노동자들을 모집한 것을 발단으로 형성되었다. 이들은 지금의 아시아계 미국인의 뿌리가 되었고, 미국 본토 내 노예제의 폐지로 인해 값싼 노동력이 필요해진 백인들의 요구로 하와이뿐만 아니라 미국 전역으로 퍼져 나갔다. 이때 중국, 한국, 일본 등 많은 아시아계 사람들이 미국으로 유입되어 또 다른 인구 이동이 크게 이루어졌으며, 이 시기 미국 내 아시아계 인구가 급격히 증가했다.

인구 이동에는 다양한 동기가 존재한다. 그중에서도 차이나타운, 재팬

미국 샌프란시스코 차이나타운

타운, 코리아타운과 같은 여러 민족 거주지의 경우 경제적 안정을 포함하는 고용기회, 임금, 소득 수준 등의 요인이 가장 결정적으로 작용한 경우가 많다. 즉 미국 내 아시아계의 국제 이주는 노동력의 확보에 대한 요구와 고용기회 확보에 대한 필요성이 결부되며 만들어 낸 흐름이었다.

영화 〈미나리〉에 담긴 엔클레이브

차이나타운, 재팬타운, 코리아타운과 같은 여러 민족 거주지를 '엔클레이브(enclave)'라고 부른다. 엔클레이브는 사회문화적으로 비슷한 정체성을 가진 사람들의 모임, 혹은 그들이 향유하고 있는 공간 등을 뜻하는 용어이다. 엔클레이브는 에스닉 집단의 경제적 활동의 바탕이 되거나 거주지의 기능을 하기도 하지만, 더 나아가 집단 구성원 간의 다양한 사회적 관계가 형성되고 정체성의 계승이 이루어지는 공간이기도 하다.

미국 내에 형성된 다양한 엔클레이브는 앞서 그림들을 통해 살펴본 인구 이동의 결과 중 하나로 볼 수 있다. 이주자들은 본질적으로 개인이 가지고 있던 원소속 집단의 정체성과 신념, 가치관 등의 충돌을 겪으며 하나의 물질적 공간에서 다른 정체성을 지닌 사람들과 같이 생활하기 위한 준비를 한다. 그 과정에서 엔클레이브는 이민자들의 정체성을 보호하고 계승하는 공간이자 주류 사회에 편입하도록 돕는 동화를 위한 공간이 된다.

제78회 골든글로브 외국어영화상 부문 수상작인 〈미나리〉는 1980년대 미국의 한국 이민자 가족이 시골에서 농장을 만드는 이야기로, 아시아계 이민자들의 '아메리칸 드림'에 대해 이야기하고 있다. 척박하고 낯선 땅

엔클레이브와 게토

최근에는 엔클레이브(enclave)와 게토(ghetto)를 에스닉 거주지로서 혼용하는 모습을 많이 볼 수 있지만, 엄밀히 말하면 두 용어는 명백히 다른 맥락을 가지고 있다.

엔클레이브는 특정 집단의 구성원들이 모여 있는 공간적 집중 영역이다. 민족성이나 종교 또는 그 밖의 다른 것에 의해 자발적으로 형성되며, 구성원들을 외부의 정체성으로부터 보호하는 수단으로 형성된다. 경제적, 사회적, 정치적 또는 문화적 발전이 이루어지는 공간으로 볼 수 있다. 반면 게토는 지배적인 세력이 소수집단(인종, 민족, 종교)을 분리하기 위해 사용하는 공간적 집중의 영역이다. 주로 빈민가를 형성하며 사회적, 경제적인 압박을 받는다.

두 에스닉 거주지의 가장 큰 차별점은 '외부 힘의 작용'이다. 실제로 1990년대 전까지 미국 내 에스닉 거주지에 대한 연구들에 따르면 흑인들이 미국 내에서 형성한 주거지 자체를 게토로 정의하는 경향을 보인다. 이 당시 흑인들은 사회적, 제도적 차별을 받고 있었으며 이들에게 주류 사회로의 동화라는 선택지는 없었다. 이후 차별금지법과 관련된 소수 민족 정책이 변화하면서 게토라는 용어는 점차 엔클레이브와 유사한 민족 집단 거주지를 칭하는 내용으로 희석되었다.

어디에서도 잘 자라는 미나리처럼 뿌리를 내리려는 한국 가족의 삶을 통해 이민자들의 삶을 엿볼 수 있다.

영화 속 남편 제이콥과 아내 모니카는 캘리포니아에 살던 이주민 부부이다. 캘리포니아는 실제로 가장 큰 규모의 한인 엔클레이브가 위치한 곳이다. 이들이 농장주가 되겠다는 꿈을 이루기 위해 미국 남부 아칸소로 이주한 후 모니카는 그곳에서 만난 한국계 이민자에게 '한인 교회'를 묻는다. 도시 규모의 엔클레이브를 떠나게 되더라도 인종적 정체성의 동질감을 지닌 작은 규모의 엔클레이브를 찾는 모습이다. 특히 교회는 민족기관으로, 지역공동체에 스며드는 데 가장 결정적인 역할을 했다.

〈미나리〉 포스터

미국에는 영화 〈미나리〉에서 볼 수 있는 한인 엔클레이브 외에도 이탈리아인들의 엔클레이브인 리틀 이탈리아(little italy), 중국인들의 차이나타운(china town), 일본인들의 리틀 도쿄(little tokyo), 태국인들의 타이타운(thai town) 등 약 60여 개의 이민자 엔클레이브가 존재한다.

미국과 다문화주의 사회

미국은 여러 인종이 서로 모여 섞인다는 뜻에서 '용광로(melting pot)'라고 불린다. 거대한 사회에 다양한 민족을 미국이라는 가치로 녹여 낸다는 의미이다. 즉 소수민족이 주류 사회에 녹아들어 결국 하나의 정체성을 지닌 집단으로 합치된다는 것이다. 지리학에서는 이를 '동화'라고 말한다.

사진은 미국 시카고 밀레니엄 공원에 있는 크라운 분수(The Crown Fountain)의 모습이다. 다양한 문화와 인종이 공존하는 시카고는 공공미술과 건축의 도시로 유명하다. 크라운 분수는 약 15m 높이의 2개의 LED 타워 스크린이 50m 정도 떨어져 마주 보고 있다. 스크린에는 얼굴 표정 애니메이션과 자연 경치가 번갈아 나타나고, 영상이 나오지 않을 때는 LED 타워 스크린 전면에 물이 폭포처럼 흘러내린다. 이때 2개의 타워 사이에

시카고 밀레니엄 공원에 있는 크라운 분수

넓고 얕은 호수가 만들어진다.

여기서 주목해야 할 것은 스크린에 등장하는 1,000명의 다양한 인종, 계층, 연령의 시카고 주민들의 얼굴이다. 사진 중 오므린 입 모양이 나오면 입술 사이에 물줄기가 나오는데, 이 물줄기를 맞으려 기다리는 사람들도 있다. 이러한 미술 작품은 시카고의 특성을 표현할 뿐만 아니라 미국 인종의 다양성 역시 알 수 있다.

그러나 사람들이 같은 공간에 모여 있다고 해서 인종적 차이가 쉽게 사라지는 건 아니다. 용광로처럼 서로 다른 것들을 녹여 하나로 만드는 건 쉽지 않을 것이다. 여러 에스닉 엔클레이브가 공존하고 있다는 사실이 이를 증명한다.

2021년 6월을 기준으로 아직도 미국 전역의 마을이나 호수 등의 지명에 인종차별적 단어가 많이 쓰인다는 뉴스 보도가 있었다. 미 내무부 산하 지명위원회에 따르면 미국 원주민 여성을 경멸하는 뜻을 담은 '스쿼(Squaw)'라는 말이 들어간 지명은 약 800곳에 달했고, 원주민 남성을 모욕적으로 부르는 '레드맨(Redman)'이 들어간 지명도 80곳이 넘는다고 한다. 그 외에도 흑인을 비하하는 '니그로(Negro)'가 들어간 지명은 600여 곳, 비슷한 의미인 '다키(Darkey)', 중국계 미국인 남성을 낮춰 부르는 '차이나맨(Chinaman)'이 들어간 지명도 있었다. 또한 멕시코계 이주민과 폴란드 후손을 경멸하는 표현, 이탈리아계 이주민 등을 가리키는 지명도 있었다. 이러한 인종차별 문제는 여전히 인종 용광로 미국에서 벌어지고 있다.

세계화 시대에 인구는 끊임없이 이동할 것이다. 교통과 통신의 발달, 그리고 경계의 모호화는 단일 인종의 군집을 흩어지게 만든다. 우리는 이러한 상황을 통해서 미래의 모습을 현명하게 그려 볼 필요가 있다. 최근에 강조되고 있는 건 용광로가 아니라, '다문화주의'이다. 개별 인종과 민족의 특성이 존중되고 공존할 수 있도록 다양한 문화가 양립하는 점을 강조하는 용어이다. 그림에서 본 인구 이동을 통해 다양한 인종과 민족이 함께 할 수 있는 공간이 무엇인지 생각해 보는 시간이었길 바란다.

다섯 번째 이야기

우월한 관점에서 본 타히티

폴 고갱(Paul Gauguin, 1848~1903)은 프랑스 파리에서 태어났다. 고갱의 초기 작품은 별로 주목을 받지 못했으나, 40세가 넘어 타히티에서 2년 정도 지내고 돌아온 후부터 인정받기 시작하며 인상파(19세기 후반 대상의 느낌을 원색의 강렬한 색으로 표현한 화풍)의 대표적인 화가로 자리 잡게 되었다. 고갱은 눈에 보이는 것을 직관적으로 표출하는 것 만큼 내면에 자리 잡은 자신의 생각을 드러내는 것 역시 중요하게 생각했다.

이러한 생각이 잘 반영된 작품이 바로 타히티에서 그려 낸 60여 점의 그림들이다. 그의 타히티 경험 이후 작품에서는 공간과 문화의 상호작용을 밝혀 내는 문화 지리적 요소들을 수없이 찾아낼 수 있다.

타히티(Tahiti)는 프랑스령 폴리네시아에 속한 소시에테 제도의 섬 중 가장 큰 섬이자 화산섬이다. 프랑스령 폴리네시아의 주도이며, 일반적으로 '타히티'라고 부를 땐 프랑스령 폴리네시아 전체를 뜻하기도 한다. 바닷속

타히티 전경

타히티 산들

폴 고갱, 〈타히티의 산들〉, 1893, 미니애폴리스 예술학교

에서 화산 폭발로 인해 만들어진 섬으로 독특한 자연 경관을 지녔으며, 열대 기후에 해당하기 때문에 연중 고온다습하다.

고갱은 〈타히티의 산들〉에서 이러한 화산지형과 열대우림을 강력한 색으로 나타냈다. 섬의 면적은 약 1,045㎢으로 우리나라 인천광역시 정도의 크기이다. 국가 이름의 '프랑스령'이라는 말에서 알 수 있듯 프랑스의 식민 지배를 받은 국가로 폴리네시아 민족이 중심이 되어 왕족 사회를 이루고 있었으나, 1800년대 프랑스의 침략으로 인해 유럽 문화를 급격하게 받아들이게 된다. 따라서 폴리네시아인 75%, 유럽계 15%, 아시아계 10%의 인구 구성을 보이며 곳곳에 폴리네시아 전통 문화와 프랑스 문화가 섞여 있다. 이러한 문화 융합은 고갱의 그림 속에서 잘 드러난다.

고갱의 그림 속에 담긴 문화 융합

> "나는 평화 속에서 존재하기 위해, 문명의 손길로부터 나 자신을 자유롭게 지키기 위해 타히티로 떠난다."

1890년, 60여 일의 항해 끝에 고갱은 자신의 가장 이상적인 지상 낙원에 도착한다. 문명의 이기로 가득 찬 유럽을 지우고 싶었던 고갱은 남태평양의 작은 섬 타히티를 새로운 거주지로 선택했고 길을 떠났다. 일체의 발전이 없는 자연 상태, 즉 인류 태초의 모습을 기대하고 타히티에 다다른 고갱. 그러나 현실은 달랐다.

프랑스의 식민 지배 이후 유럽의 문화가 급속도로 유입되면서 타히티의 문명화가 시작되었고, 유럽인들과 접촉하는 100여 년 동안 타히티 원주민들의 삶은 많은 부분이 달라져 있었다. 여성들은 폴리네시아 전통 복장인 파레오 말고도 유럽식 드레스를 입고 있었으며 곳곳에서 서구화된 생활 양식이 보였다. 고갱은 이러한 장면을 여러 작품으로 남겼는데, 〈타히티의 여인들〉, 〈꽃을 든 여인〉 등이 가장 대표적이다.

폴 고갱, 〈타히티의 여인들〉, 1891, 오르세 미술관

〈타히티의 여인들〉을 보면 두 명의 타히티 원주민 여성의 복장이 다르다. 왼쪽의 여성은 타히티 전통 복장을, 오른쪽의 여성은 유럽식 드레스를

폴리네시아의 전통 복식, 파레오

타히티어 파레우(pāreu)에서 파생된 단어인 파레오는 일반적으로 모든 타히티인들이 가지고 있는 전통 의상이며 '휘감아 두른 천'이라는 의미를 가지고 있다. 원래는 여성의 의복만을 가리켰으나 오늘날에는 남녀 상관없이 파레오라고 부르기도 한다. 기본적으로 천에 꽃무늬 같은 무늬를 그려서 화려하게 장식하며 집, 바다, 파티, 전통 행사 그리고 문화 행사 등 어디에서나 일상복으로 파레오를 입는다. 파레오는 여러 가지 방법으로 매듭을 지을 수 있는 형태로, 현대 패션에서는 비치웨어(beach wear)의 모티브가 되기도 했다.

폴 고갱, 〈꽃을 든 여인〉, 1891, 글립토테크 미술관

입고 있다. 특히 오른쪽 여성이 입고 있는 드레스는 선교사들이 많이 입던 형태의 복식으로, 그 당시 유럽 사람들의 이주와 종교 전파가 같이 이루어진 것을 알 수 있는 부분이다. 고갱은 전통 복장은 타히티의 원시적인 모습을, 유럽식 복장은 발달하고 복잡한 문명의 모습을 상징한다고 보았다. 전통 의복을 입고 있는 여성의 모습은 비교적 자연스럽지만, 유럽식 의복

폴 고갱, 〈자선회의 수녀〉, 1902, 맥네이 미술관

을 입고 있는 오른쪽 여성의 모습은 무언가 부자연스럽고 어울리지 않는 옷을 입은 듯한 느낌이 든다.

〈자선회의 수녀〉라는 작품에서도 이러한 특징이 드러난다. 짙은 파란색 수녀복을 입은 하얀 피부의 유럽인 수녀가 의자에 앉아 구릿빛 피부에 허리부터 무릎까지 타히티 전통 의상을 입은 맨발의 남성을 바라보며 묵주를 만지고 있는 장면이 보인다. 그 뒤로는 또 다른 남성이 서 있고, 두

명의 여성 원주민들은 선교사들이 주로 입는 의복을 입고 있다. 그림의 배경이 되는 공간의 짙은 주황색과 빨간색 바닥, 그리고 원주민 여성의 분홍색 의상이나 원주민 남성의 노란 의상은 짙은 파란색의 수녀복과 대조되어 이들이 같은 공동체 사람이기보다는 이질적인 존재임을 강조한다. 고갱은 수녀를 종교뿐만 아니라 문명화된 생활 습관(몸을 다 가리는 격식 있는 옷, 의자와 같은 도구 등)을 전파하는 존재로 표현했다.

고갱이 타히티를 바라본 시선은 순수한 동경인가, 백인의 우월적 관점인가?

고갱은 원시사회인 타히티를 동경했고, 원했고, 그곳에 함께하길 바랐다. 하지만 막상 도착해서 본 타히티는 그렇지 않았다. 한편으로 그는 원주민을 〈자선회의 수녀〉에서 드러난 것처럼 문명화되어야 하는, 즉 자신과 유럽의 사람들처럼 살아가는 생활 습관을 배워야 하는 대상으로 생각하기도 했다.

원시적인 모습 그 자체를 동경하는 생각을 '원시주의'라고 한다. 시간적 차이를 의미하는 '태고'와 질적 차이를 의미하는 '미개', 두 용어가 결합되어 '원시'라는 단어가 탄생했다. 원시적인 것은 덜 복잡하고 덜 진화된 사물, 사람, 상태 등을 지칭한다. 따라서 원시주의는 기본적으로 보다 우월한 관점에서 원시적인 것을 본 후 그것을 의식적으로 수용하여 자신의 문화로 만드는 태도를 일컫는다(마순영, 2011).

여기서 중요한 점은 '우월한 관점'이다. 유럽 사람들은 식민 지배를 하며 자신들의 문화는 우월하고, 식민 지배를 당하는 국가의 문화는 열등하다는 생각을 했다. 자신들의 문화는 매우 발달해 복잡하지만, 타히티는 덜 발달하여 단순하고 원초적인 삶을 살고 있다고 생각했기 때문에 고갱과 같은 생각이 가능했던 것이다. 고갱의 원시주의에 대한 해석은 다양하다.

그러나 원시주의가 식민 정책에 동반된 것이며 부분적으로는 그 결과라고 볼 수 있다는 의견에는 이견이 없다. 고갱의 그림 속 타히티는 고갱이 야만성이나 원초적인 삶을 직접 경험하고 이를 예술로 표현하고자 했다는 점에서 '낭만적 원시주의(romantic primitivism)'라고 볼 수 있다.

우리는 살면서 어디론가 훌쩍 떠나고 싶다는 생각을 할 때가 있다. 고갱이 살던 18세기 유럽에서도 역시 유토피아를 찾아 그곳으로 도망가고 싶은 사람들이 많았다. 15세기 유럽인들은 유토피아에 가기 위해 대항해와 탐험, 여행 등을 본격적으로 시작했다. 그 과정에서 수많은 여행기가 탄생했고 그 인기는 18세기까지 이어졌다.

프랑스의 탐험가 루이 앙투안 드 부갱빌(Louis Antoine de Bougainville)이 쓴 『세계 여행기』는 부갱빌이 1766년부터 1769년까지 실행한 탐험에 근거한 책으로, 타히티섬을 비롯해 이전까지 유럽인들이 가 보지 못한 남태평양의 섬들에 대한 이야기를 담고 있다. 『세계 여행기』는 유럽 사람들로 하여금 타히티가 바로 그 유토피아라고 생각하게 만든 책이었다.

유럽인들은 책을 통해 타히티의 아름다운 자연을 접하는 동시에 자신들로부터 식민 지배를 받고 있는 열등한 곳이라는 생각을 했다. 나아가 복잡한 문명과는 거리가 먼 자연에서의 원주민이 누리는 단순한 생활 방식을 부러워하게 되었다. 원주민들의 삶의 복잡성은 전혀 고려하지 않고, 지

A

VOYAGE

ROUND THE

WORLD.

Performed by Order of

HIS MOST CHRISTIAN MAJESTY,

In the Years 1766, 1767, 1768, and 1769.

BY

LEWIS DE BOUGAINVILLE,

Colonel of Foot, and Commodore of the Expedition, in the Frigate La Boudeuſe, and the Store-ſhip L'Etoile.

Tranſlated from the French

By JOHN REINHOLD FORSTER, F. A. S.

LONDON,

Printed for J. NOURSE, Bookſeller to HIS MAJESTY, in the Strand: and T. DAVIES, Bookſeller to the Royal Academy, in Ruſſel-ſtreet, Covent-garden.

MDCCLXXII.

『세계 여행기』 표지

배자의 입장에서 덜 문명화된 삶이 편하고 행복해 보인 셈이다.

고갱은 백인이자 지배국의 시민으로서 누리는 문명보다 타히티의 순수한 모습과 원시성을 더 나은 대상으로 표현했다. 이러한 그림들은 유럽 사회에서 기존의 원주민에 대한 인식을 반대로 대비시키는 계기가 되었다. '고갱의 시선에서 바라본 타히티의 아름다움' 자체에 집중하게 된 것이다. 고갱이 그린 타히티의 모습은 그들의 의복, 가치관, 지형 등의 지리적 요소를 적절하게 묘사하고 있는 하나의 견문록인 셈이다. 이처럼 그림은 어떤 시각을 가지고 보는가에 따라 여러 해석을 낳는다. 고갱의 그림들은 식민주의적 생각의 결과일까, 혹은 타히티의 아름다움을 유럽에 전달하고자 하는 순수한 시선일까?

3장 그림에 담긴 도시 이야기

여섯 번째 이야기

근대의 도시 경관과 생활 양식을 표현하다

전 세계에서 손꼽히는 도시인 프랑스 파리. 파리는 예술가가 사랑한 도시라는 별칭이 붙을 정도로 모네, 세잔, 르누아르, 피카소 등 다양한 화가들이 작품 활동을 펼친 곳이다. 이 중 귀스타브 카유보트는 인상주의와 사실주의를 넘나들며 19세기 파리의 독특한 특성을 잘 표현한 화가이다. 카유보트의 작품에서 드러난 19세기의 근대 도시 파리의 특성은 어떠할까? 카유보트와 함께 19세기의 파리로 시간 여행을 떠나 보자.

프랑스의 초기 인상주의 화가인 귀스타브 카유보트(Gustave Caillebotte, 1848~1894)는 파리 상류층 가정에서 태어나 다른 인상주의 화가들에 비해 경제적으로 여유로웠다. 당시 '화가' 하면 가난하고 늘 배고픈 예술가라는 인식이 많았으나 카유보트는 아버지로부터 많은 재산을 물려받아 매우 부유한 생활을 했다. 그는 이 재산을 활용해 다양한 화가들의 작품을 수집하기도 하고, 작업실을 빌려주거나 전시회를 치르는 비용을 내기도 하는

귀스타브 카유보트, 〈자화상〉, 1892, 오르세 미술관

등 다양한 방법으로 동료 화가들을 지원했다. 이러한 카유보트의 지원은 다른 인상주의 화가들이 작품 세계를 펼치는 데 도움이 되었다.

다른 인상주의 화가들과 카유보트는 화풍에서도 많은 차이가 나타난다. 일반적으로 인상주의 화가들이 빛에 의한 색채의 다양성이나 해체된 형상 등을 화폭 안에 담고자 노력했다면, 카유보트는 현실주의에 속하는 그림을 주로 담았다. 이는 카유보트 자신이 초기에 관심을 가졌던 사실성을 화풍에 적용했기 때문이다.

또한 에드가 드가나 오귀스트 르누아르 같은 동시대의 화가들이 주로 여성을 모델로 해 작품을 그린 반면, 카유보트의 그림은 남성을 모델로 한 작품이 많다. 그림의 구도 측면에서도 독특한 특성이 나타난다. 카유보트는 주로 높은 건물의 테라스 등에서 파리의 시가지를 내려다보는 작품이나 '2점 투시도법'을 활용한 〈파리의 비 오는 거리〉 등 구도의 다양성을 살린 작품을 많이 그렸다. 표현 방식의 차이 외에도 카유보트의 작품 안에는 더욱 다양한 지리적 요소가 담겨 있다. 이것은 그의 작품 세계를 더욱 자세히 들여다보고 싶게 하는 계기가 된다.

카유보트의 작품으로 본 19세기 파리의 도시 경관

파리 하면 어떤 모습이 떠오르는가? 에펠탑과 넓고 푸른 공원, 야외 테라스에서 여유를 즐기는 사람들, 개선문과 여러 방향으로 나뉜 도로망, 몽마르트르 언덕 주변의 예술가 거리까지. 이러한 파리의 도시 경관은 19세기에 형성되어 지금도 파리를 상징하는 이미지가 되고 있다.

파리 도심을 가 보면 예스러운 건물이 도로 옆으로 죽 늘어서 고풍스러운 분위기를 자아낸다. 19세기에 지어진 이러한 건물들은 쥐가 들끓고 거리에 쓰레기가 난무하던 파리의 옛 도심을 재건축하는 과정에서 만들어졌다. 나폴레옹 3세가 집권하던 19세기 중반, 인구가 급격히 불어난 파리의 도심을 과감하게 밀어 버리고 미리 계획된 구획에 따라 신작로와 타운하우스들을 건설하면서 지금의 모습으로 개조되었다.

이 과정을 조르주 외젠 오스만(Georges Eugène Haussmann)이라는 사업가 출신의 인물이 주도하게 된다. 나폴레옹 3세는 1853년 오스만을 파리 시장으로 임명하고 파리의 도시 정비를 주도하도록 지시했다. 그는 1853년부터 1870년까지 파리 도심 내의 하수 시설을 정비했고 부르주아 계층이 거주할 수 있는 타운 하우스를 대규모로 공급했다. 또한 도심 곳곳에 대규모의 공원을 조성했다. 파리가 근대적인 도시로 변화하게 된 과정을 '파리의 오스만화(Haussmannization of Paris)'라고 불렀으며 미국 등 다른 국

헨리 레만, 〈오스만 남작의 초상화〉,
1860, 카르나발레 박물관

가에서 파리의 도시 경관을 모방하기도 했다. 이 과정을 통해 파리는 19세기 근대시대를 상징하는 도시가 되었다.

이러한 도시 정비 사업에는 여러 가지 목적이 있었다. 이전 시기 유럽에 창궐했던 페스트나 콜레라 같은 전염병을 막기 위한 목적뿐만 아니라 18세기 시민혁명 시기 시민들이 저항했던 골목을 정비하려는 정치적인 의도까지 포함하고 있었다. 특히 넓게 건설된 대로는 도심과 도시 외곽 간의 연결성을 높여 교통의 흐름을 원활하게 만들었고, 폭동이 발생할 경우 군대가 신속하게 진압할 수 있도록 도왔다. 또한 거리 곳곳에 만들어진 공원, 오페라 하우스 같은 건축물이나 석상 등은 강력한 권력을 상징하는 동시에 현재 파리로 많은 관광객들을 모으는 중요한 랜드마크가 되었다. 우리가 살펴볼 귀스타브 카유보트의 작품에서도 19세기 파리의 도시 경관을 엿볼 수 있다. 앞으로 살펴볼 두 작품 모두 카유보트가 1880년에 그린 작품으로 서로 다른 계절의 오스만대로를 보여 주고 있다.

첫 번째 작품은 〈눈 내리는 오스만대로〉라는 작품이다. 오스만대로(Boulevard Haussmann)라는 명칭은 오스만이 파리를 변화시켰던 시기에 생겨난 넓은 도로를 말한다. '불바르(Boulevard)'는 원어 그대로 가로수라는 의미로도 쓰이지만, 양쪽에 가로수가 심어진 넓고 큰 길을 뜻하기도 한다. 오스만의 도시 계획 전에는 파리 전역 중 샹젤리제 거리 정도만 가로수가 있는 큰 대로였다. 그 외의 대로는 대부분 비좁고 무질서한 형태로

귀스타브 카유보트, 〈눈 내리는 오스만대로〉, 1880, 개인소장

존재했고 우리가 흔히 생각하는 대로와는 거리가 멀었다. 오늘날의 대로와 비교해 보면 사진 속 오스만대로가 평범하게 느껴지기도 하지만, 당시 대부분의 이동이 도보로 이루어졌던 것을 감안하면 어마어마하게 큰 대로라는 것을 알 수 있다.

다음 작품은 〈발코니에서 오스만대로를 바라보는 남자〉와 〈발코니, 오스만대로〉라는 작품이다. 두 그림 모두 후경에 오스만대로가 펼쳐져 있고 부르주아 계층의 남성이 발코니에서 오스만대로를 바라보고 있다. 카유보트는 건물 3~4층 높이의 발코니에서 바깥 세상을 바라보는 남성의 모습을 자주 그렸다. 발코니에서는 도시의 경관을 조망할 수 있어 원근감을 가장 잘 살릴 수 있었고, 부르주아라는 계층이 가진 권력 역시 효과적으로

귀스타브 카유보트, 〈발코니에서 오스만대로를 바라보는 남자〉, 1880, 개인소장

귀스타브 카유보트, 〈발코니, 오스만대로〉, 1880, 티센 보르네미사 미술관

표현할 수 있었기 때문이다.

배경에 드러나 있는 건물들의 모습에도 주목할 필요가 있다. '파사드(façade)'란 얼굴이라는 뜻의 프랑스어로 건물의 정면을 의미하는데, 두 작품 모두 5~7층의 건물에 백색을 띤 파사드가 나타난다. 파리의 건물들은 이렇게 여러 채가 그룹을 이뤄 블록을 형성하고 있고, 건물의 높이와 건축

자재 역시 규격화된 경우가 많았다. 이런 건물들을 통해 르네상스시대에 발명된 회화기법인 '투시 원근법'을 도시 내부에서 구현하고자 했다. 도로에서 봤을 때 건물 하나하나가 따로 보이는 것이 아니라 몇 개의 선으로 쭉 이어져 있는 효과를 주고자 한 것이다.

작품의 외경에 드러난 건물을 더욱 자세히 살펴보자. 건물의 1층은 상점으로, 상층부는 부르주아 계급이 거주하는 타운 하우스로 사용되었다. 특히 '망사르드(mansarde)'라고 불리는 경사가 급한 지붕이 보이는데, 이러한 건축 양식으로 인해 타운 하우스 내부에 다락을 둘 수 있었다. 이 다락은 주로 부르주아 계층이 고용하는 하인들의 공간으로 쓰였다.

건물은 하얀빛을 띠는 대리석과 벽돌 등의 자재로 지어졌다. 실제로 1850년대 파리의 오스만화 이후 파리로 유입되는 벽돌과 석재가 급격히

오스만대로의 건물

증가했다는 통계를 보면 얼마나 많은 건물이 지어졌는지를 체감할 수 있다. 또한 두 그림은 건물의 3~4층에 철제 난간으로 된 발코니를 설치했다는 공통점이 있다. 당시 철제의 가격이 굉장히 비쌌기 때문에 건물 내부에 철제 난간을 설치하기 위해서는 높은 경제적 능력이 필요했다. 이를 통해 카유보트 역시 굉장히 부유한 삶을 살았음을 짐작할 수 있다. 이 두 작품을 통해 19세기 파리의 도시 경관은 오스만이 계획해 조성된 드넓은 대로와 부르주아 계급을 위해 규격화된 건물로 묘사할 수 있다.

다음으로는 카유보트의 그림 중 가장 잘 알려진 작품인 〈파리의 비 오는 거리〉를 살펴보자. 이 작품은 비를 맞으며 도시를 걷고 있는 부르주아 계층의 모습을 보여 준다. 사실적으로 표현된 우산의 명암과 인체의 구조, 그리고 배경에 드러난 파리의 도시 경관이 마치 사진 속 한 장면처럼 느껴진다. 2점 투시도법을 활용해 사람과 건물의 배치가 안정감 있는 구도를 형성하고 있고, 특히 중앙에 배치된 초록색 가로등이 그림을 정확히 반으로 구분해 주고 있다. 이처럼 카유보트는 파리의 일상적인 모습을 구도나 가로등의 위치 등을 통해 치밀하게 구성하여 표현했다.

이 작품의 배경이 된 곳은 더블린 광장(Place de dublin)으로 광장 주변에는 여러 방향으로 교차되는 도로망이 보인다. 이러한 도로망을 '방사형 도로망'이라고 하는데, 역사적으로 가장 혁신적인 교통망이라고 평가받기도 한다. 동서남북 모든 방향으로 뚫려 있어 어디든 쉽게 연결되고, 각 도로는 중심부에 위치한 광장(오픈 스페이스)으로 합쳐진다. 이 광장은 파리 시민의 여가 공간이 되기도 한다. 혁신적인 교통망이면서도 적은 수의 군대로 대규모의 시위를 진압할 수 있다는 점에서 정치적인 성격 역시 포함

파리의 방사형 도로망

파리 개선문

귀스타브 카유보트, 〈파리의 비 오는 거리〉, 1877, 시카고 예술대학

하고 있다.

거리의 바닥에 깔려 있는 배수가 잘되는 판석은 오늘날 흔히 볼 수 있는 보도블럭과 흡사하다. 오스만이 파리를 개조하기 전에는 포장되지 않은 골목 탓에 비가 오면 진흙탕으로 변하기 일쑤였다고 하니 19세기 파리에 얼마나 큰 변화가 일어났는지 짐작할 수 있다.

근대적인 의미의 도시성이 드러나다

도시는 인간의 정치·경제·사회적인 활동의 중심이 되는 장소를 말한다. 전 세계의 인구 중 70% 이상이 도시에 거주할 만큼 인간의 삶과 뗄 수 없는 중요한 장소가 되었다. 미국의 사회학자인 루이스 워스(Louis Wirth)는 도시의 독특한 생활 양식을 구성하는 여러 가지 속성을 '도시성(Urbanism)'이라고 정의했다.

농촌과 비교했을 때 도시는 인구 규모 측면에서도 큰 값을 지니지만 인구 밀도 역시 높게 나타난다. 또한 도시에는 다양한 사람들이 모여 살기 때문에 이질성이 크게 나타나는데, 워스는 이 세 가지(인구 규모, 인구 밀도, 이질성)를 도시가 가지는 독특한 특성이라고 보았다.

특히 세 번째 특성인 이질성은 독특한 사회적 관계를 형성하는 데 기여한다. 도시인들의 인간관계는 대부분 피상적이고 일시적이며 익명성을 지닌다. 도시인들은 다른 사람의 일에 무관심하며 서로의 사생활(privacy)을 존중한다. 오늘날 우리 역시 도시라는 공간 안에서 많은 사람과 마주하지만, 그중 대부분과는 말 한마디 섞지 않을 정도로 피상적인 상호작용을 하는 것처럼 말이다.

루이스 워스가 정의한 도시성은 말 그대로 도시의 특성, 혹은 도시의 본질적인 속성이다. 이러한 도시성은 언제부터 드러난 것일까? 근대의 도시에서 그 답을 찾을 수 있다. 중세의 도시가 봉건 영주나 종교에 의해 형성되었다면 근대는 자본주의적 생산을 기반으로 형성되었다. 중세에 비해 이동이 자유로워지면서 누구든지 도시에 거주할 수 있었으며, 도시에 많은 일자리가 생기게 되자 농촌에서 도시로 이동하는 사람들이 늘어났다.

이 과정에서 사람들 간의 연대성이나 결속력은 약해지고 개인주의적인 성향이 강화되었다. 이렇게 도시성은 근대시대부터 본격적으로 드러나 지금까지 이어져 왔다. 근대시대의 도시를 상징하는 19세기의 파리 역시 도시성이 잘 드러나는 장소이다.

다음은 1876년에 그린 〈유럽의 다리〉라는 작품이다. 이 작품은 파리 생 라자르역(Gare Saint-Lazare) 위를 가로지르는 철제 다리와 그곳을 지나는 사람들의 일상적인 모습을 표현한 그림이다. 그림 속 사람들을 자세히 살펴보면 왼편의 남녀를 제외하고는 어떠한 유대 관계도 나타나지 않는다. 앞서 봤던 〈파리의 비 오는 거리〉와 이 작품 모두 도시인들의 피상적인 인간관계가 잘 드러나고 있다.

또한 우리는 이 작품에서 19세기 파리지앵(Parisien)의 독특한 생활 양식을 엿볼 수 있다. 바로 '플라뇌르(flâneur)'이다. 플라뇌르란 샤를 보들레르(Charles Baudelaire)에 의해 널리 알려진 개념으로 19세기 도시의 스펙터클(Spectacle, 자연경관이나 도시 건축물 등을 포괄하는 개념)을 관조하는 참여적 관찰자를 의미하는 용어이다.

1863년 보들레르는 『르 피가로(Le Figaro)』에서 "플라뇌르는 도시를 경험하기 위해 도시를 걸어 다니는 자"라고 묘사했다. 파리지앵들은 도로, 광장, 다리 등 도시 내부를 여유롭게 걸어 다니면서 주변 경관을 무심한 듯 살피는 행위를 즐겼다. 때로는 타운 하우스의 발코니나 카페의 테라스에 앉아 사색에 잠기기도 했다. 우리가 살펴보고 있는 카유보트의 작품에서도 파리지앵의 플라뇌르가 여실히 드러난다.

귀스타브 카유보트, 〈유럽의 다리〉, 1876, 프티 팔레

플라뇌르는 18세기 후반부터 부르주아 계층 사이에서 취미로 자리 잡기 시작했다. 당시에는 정원이나 공원, 강가 등을 여유롭게 거닐며 휴식을 취했으나 오스만의 도시 정비 사업에 따라 이러한 산책 문화가 도시 안으로 옮겨졌다. 오스만의 도시 정비 이전에 파리의 거리가 단순히 사람이 이동할 수 있는 '통로'의 개념이었다면, 오스만화 이후 파리의 거리는 그 자체가 사람들의 '목적지'이자 '머무는 곳'이 된 것이다. 이렇게 플라뇌르는 새로운 도시적 생활 양식이자 사회의 소수만이 가질 수 있는 특권이기도 했다.

19세기 파리에서 나타난 계층별 거주 공간의 분리

오늘날 사람들의 주된 생활 공간이 되고 있는 도시. 도시는 살아 있는 유기체라고 표현될 정도로 다양한 현상이 발생하며 그 과정에서 끊임없이 변화한다. 과거 도시의 규모가 커지기 이전에는 관청, 상점, 주택 등 다양한 기능을 가진 건물들이 도시 중심에 무질서하게 섞인 상태로 존재했다. 그러나 도시의 구획이 넓어지고 도시로 유입되는 인구가 증가하면서 특정 지역을 중심으로 비슷한 기능끼리는 모이고 서로 다른 기능끼리는 분리되는 현상이 발생했다.

이러한 과정을 '공간 분화(또는 지역 분화)'라고 한다. 건물도 기능에 따라 분화가 되듯 그곳에 거주하는 사람들 역시 지위, 재산, 직업, 인종 등의 특성에 따라 거주하는 곳이 분리된다. 우리는 이를 '거주지 분리(Residential segregation)'라고 부른다.

파리의 거주지 분리는 꽤 오래전부터 나타났다. 19세기의 파리는 부르주아 계층과 도시 노동자 계층이라는 두 개의 계층으로 명확히 구분된 도시였다. 두 계층은 생활 양식에서 큰 차이가 있었고 거주하는 공간조차도 철저히 분리되었다.

앞서 설명했던 오스만의 도시 정비 사업은 두 계층이 공간적으로 분리되는 데 큰 역할을 했다. 부르주아 계층은 오스만의 도시 정비 사업을 통해 질병과 혁명을 차단하고자 했다. 19세기 초 파리를 휩쓸었던 전염병 역시 빈곤층의 불결함 때문에 발생한 것이라고 여겼으며 도시 노동자 계층이 도시 내부에 거주할 경우 혁명의 불씨가 생겨날 수 있다고 생각했다.

이에 따라 부르주아 계층은 도시 노동자 계층을 도시 외곽으로 이동시켜야 한다고 생각했고, 오스만의 도시 정비 사업은 자연스럽게 부르주아 계층의 요구를 충족시켜 주었다.

오스만은 1852년부터 1872년 사이 약 2만 채의 집을 철거했으며 이 과정에서 4만 채의 집이 새로 지어졌다. 이러한 개발은 곧 월세 인상으로 이어졌다. 이로 인해 파리 도시 내부에 거주하던 가난한 노동자들은 임대료를 부담할 수 없어 파리의 외곽 지역으로 이주할 수밖에 없었다.

반면 경제적 여유가 컸던 부르주아 계층이 새로 지어진 타운 하우스에 입주하면서 도시 중심부가 점점 부르주아화되었다. 물론 모든 노동자들이 도시 외곽으로 이동한 것은 아니었다. 부르주아 계층 밑에서 일하던 하인들의 경우 부르주아가 거주하는 건물의 다른 층에 거주하면서 그들의 요구에 맞게 일하곤 했다. 같은 건물 안에서도 철저하게 계층이 분리되는 현상이 나타나게 된 것이다.

카유보트의 작품에서도 이러한 계층의 분리 현상을 관찰할 수 있다. 그는 파리의 도시 노동자 계층을 모델로 삼아 그림을 그리기도 했는데, 〈대패질하는 사람들〉이라는 작품이 대표적이다.

비슷한 시기에 활동했던 화가인 장 프랑수아 밀레는 〈이삭줍기〉라는 작품에서 소작농의 모습을 표현했고, 사실주의 화가인 귀스타브 쿠르베는 〈돌 깨는 사람들〉이라는 작품에서 농촌 노동자의 모습을 표현했다. 그러나 카유보트처럼 도시 노동자를 표현한 그림은 흔치 않았다. 카유보트 자신은 철저히 부르주아 계층이었음에도 불구하고 작품을 통해 도시 노동자의 모습을 상세히 표현했다. 그러나 작품 내에서 사회적이거나 정치

귀스타브 카유보트, 〈대패질하는 사람들〉, 1875, 오르세 미술관

귀스타브 카유보트, 〈대패질하는 사람들〉, 1876, 개인소장

적인 메시지를 드러내지는 않았다. 그는 사실주의 화풍의 영향을 받아 도시에서 나타나는 다양한 모습을 마치 사진의 한 장면처럼 표현했다.

앞서 살펴본 〈파리의 비 오는 거리〉나 〈발코니에서 오스만대로를 바라보는 남자〉에서 등장하는 부르주아 계층의 모습과 한번 비교해 보자. 우선 옷차림에서 큰 차이가 나타나는데, 낡은 옷차림과 섬세하게 표현된 상체 근육이 인상적이다. 그리고 그림의 배경에 철제 난간이 나타난다. 앞서 부르주아 계층이 거주하는 타운 하우스의 발코니에 철제 난간을 설치했다는 사실을 언급한 적이 있다. 이를 통해 작품 속 인물들이 부르주아 계층의 공간에서 일하는 도시 노동자들이라는 것을 알 수 있다.

〈대패질 하는 사람들〉은 당시 도시 노동자의 삶의 현장을 최초로 공개한 작품으로 사회에 충격과 논란을 일으켰다. 프랑스의 유명한 미술 작품 전시회인 살롱전에 출품했지만 거부당했고, 이 작품을 둘러싸고 "저속하고 천박한 주제이다."라는 평과 "너무 정교해서 부르주아적이다."라는 비평이 공존했다고 한다.

이렇게 귀스타브 카유보트의 작품을 통해 19세기 파리의 도시 경관과 도시인의 생활 양식을 살펴보았다. 카유보트는 동시대의 화가들과 비교했을 때 큰 주목을 받지 못했지만, 그가 추구한 화풍과 작품 세계는 19세기 파리에서 나타난 도시 변화를 분명하게 드러냈다는 점에서 큰 의미가 있다.

오늘날 파리의 문화적 다양성을 보여 주는 게토

근대 도시인 파리의 거주지가 부르주아층과 도시 노동자 계층을 중심으로 분리되었다면, 현대 도시 파리는 어떠할까? 현대의 파리 역시 거주지 분리 현상이 명확하게 드러난다. 다만 19세기에는 경제적 계층을 중심으로 분리가 이루어졌다면 현대에는 계층보다는 인종적 또는 문화적 특성에 의해 거주지 분리가 이루어진다.

부르주아층이었던 카유보트는 파리의 포부르생드니(Faubourg St. Denis)에서 나고 자랐다. 당시 오스만의 도시 정비 사업으로 인해 이곳의 지가가 어마어마하게 올랐다는 기록도 전해진다. 그러나 아이러니하게도 현재 생드니가 있는 파리 10구는 파리 안에서도 저소득층 이민자가 주로 거주하는 낙후 지역으로 변모했다.

파리 10구에는 파리의 대표적인 기차역인 북역이 위치하고 있다. 또한 생마르탱 운하 주변을 따라 많은 공장이 있고, 이로 인해 일자리를 찾아 사방에서 모여든 외국인 이민자들의 주거지가 형성되었다. 인도, 아프리카 등 다양한 국가의 사람들이 거주하기 때문에 도시 경관에도 다채로운 모습이 나타난다. 그들은 특정 지역을 중심으로 군집을 이루어 거주했고, 특히 파리 북동부나 교외와 같이 지가가 상대적으로 저렴한 지역에 이러한 현상이 활발하게 나타났다. 이렇게 이민자들이 군집하는 과정에서 형

파리 북역 주변

성된 주거지를 '게토'라고 부른다.

현재 파리는 이러한 과정에 의해 문화적 다양성이 매우 두드러지게 나타나는 곳으로 변모했다. 일부 사람들은 게토 주변이 소매치기 등의 범죄가 자주 발생하는 지역이라며 이곳을 여행하는 사람들을 우려하기도 한다. 그러나 파리의 문화적 다양성을 느끼고 싶다면 이 지역만큼 적절한 곳도 없을 것이다.

산업혁명의 어두운 이면

영국은 18세기 산업혁명이 시작된 대표적인 국가이자 전 세계의 산업화를 이끈 선도 국가이다. 이번 이야기에서는 영국의 대표적인 현대 화가인 라우리의 시각에서 바라본 20세기 영국의 공업도시 경관에 대해 살펴보고자 한다.

고독 속에서 피어난 예술적 감각, 라우리의 삶

라우리(Laurence Stephen Lowry, 1887~1976)는 1887년 영국의 맨체스터 근교의 스트랫퍼드에서 태어났으며, 아픈 어머니를 모시며 평생 독신으로 살았다. 이른 나이부터 사회생활을 시작한 그의 작은 행복은 퇴근 후 집으로 돌아와 남들이 자는 고요한 새벽에 그림을 그리는 것이었다. 그는 펜들버리에서 40년 이상 살았고 자신이 살았던 지역과 그 주변 공장 지대

를 배경으로 공업도시의 경관을 화폭에 담았다. 꾸준히 작업을 이어 온 그는 엘리자베스 여왕의 대관식에 공식 화가로 초대받는 등 화가로서 그 능력을 인정받게 된다. 현재 영국에는 라우리를 기념하는 라우리 센터와 기념관이 있으며, 사진은 기념관 앞에 있는 라우리의 동상이다. 샐포드에서는 라우리 탄생 100주년 축제를 열기도 했다.

라우리 동상

그의 작품에는 주로 공업단지의 모습과 노동자의 모습이 등장한다. 라우리는 어둡고 칙칙한 색감으로 공장 및 공업 노동자들의 삶을 표현했으며, 이를 통해 당시 영국 도시의 전반적인 분위기를 작품 속에 고스란히 담아내고자 했다. 또한 그는 얇고 비쩍 마른 형태의 노동자들을 공간에 가득 배치하고 어디론가 분주하게 이동하는 모습으로 그리는 등 독특한 인물 표현 방식과 공간 배치를 사용해 자신이 바라보는 공업도시 경관을 표현했다.

이촌향도, 그리고 성냥개비 인간

〈일하러 가는〉이라는 작품은 제목 그대로 일을 하러 가는 사람들의 모습을 담은 작품으로, 공업도시의 경관을 잘 보여 주는 라우리의 대표 작품 중 하나이다. 〈일하러 가는〉 속 사람들을 자세히 살펴보면 대부분 얇

라우리, 〈일하러 가는〉, 1943, 임페리얼 전쟁박물관

고 비쩍 마른 몸의 형태로, 표정도 없고 개성도 드러나지 않는 옷을 입은 채 구부정한 자세로 어디론가 향하고 있다. 사람들은 라우리의 이러한 인물 표현을 '성냥개비 인간(match stick man)'이라 부른다. 라우리는 사람들의 모습을 왜 성냥개비 인간의 형태로 표현했을까? 이에 대해 산업혁명의 등장 배경과 관련지어 살펴보기로 하자.

산업혁명의 발달은 인클로저 운동과 이촌향도 현상으로 설명할 수 있다. 인클로저 운동이란 13세기 영국에서 처음 시작된 것으로, 목축업의 자본주의화를 위한 경작지 몰수를 의미한다. 산업혁명 당시 영국에서는 직물공업이 발달하면서 양모의 수요가 증가하게 되었다. 많은 지주들은 경작지에서 농사를 짓는 대신 농지에 울타리를 세우고 양을 키우기 시작했다. 이로 인해 농사를 짓고 살던 많은 농민들은 한순간에 토지에서 내쫓기고 일자리를 잃어버리게 된다.

하루아침에 쫓겨난 신세가 된 이들은 농촌을 떠나 공장 지대가 형성된 도시로 이동하게 되는데, 이것이 바로 이촌향도 현상이다. 이러한 사회적 변화와 인구 이동은 도시에 많은 인구가 유입되는 요인이 되었으며 결과

사람들이 도시로 내몰리는 현상을 표현한 사진

적으로 도시의 많은 공장에 저렴하고 풍부한 노동력이 공급되는 계기가 되었다. 인클로저 운동과 이촌향도 현상이 산업화 발달의 원동력으로 작용하게 된 것이다. 라우리는 이 시기 이촌향도 현상에 의해 도시에 사람들이 북적거리는 모습을 그림에 담고자 자신만의 독특한 표현 방식인 성냥개비 인간을 활용했다.

뿐만 아니라 작품 속 사람들의 시선을 아래로 향하게 그리거나 전체적인 형태를 사선으로 표현한 것을 볼 수 있는데, 이는 당시 주변에는 관심이 없고 오로지 일하는 것만이 목적이었던 노동자들의 매몰된 삶의 모습을 부각한 것이다. 이와 더불어 사람들의 표정도 자세히 그리지 않았고 옷의 형태도 대체로 단색으로 표현했는데, 이는 힘든 하루하루를 보내던 노동자들의 일상과 비인격적이고 몰개성적인 노동자의 삶을 그대로 나타낸 것이라고 볼 수 있다.

공업도시 내 노동자들의 주거 공간, 백투백 하우스

라우리의 작품을 자세히 보면 공통적으로 공장이나 운하 주변으로 붉은색의 낮은 건물들이 다닥다닥 붙어 일렬로 이어져 있다. 이 건물들은 무엇을 하던 곳이며 왜 일렬로 붙어 있는 것일까?

당시 도시에는 산업혁명으로 인한 인구의 유입으로 주택 부족 문제가 발생했다. 이때 도시의 한정된 공간에서 많은 노동자들이 거주할 수 있는 집을 제공하고자 등장한 건축 형태가 바로 사진 속 건물에 해당하며 이를 '백투백 하우스(back-to-back house)'라 부른다.

1800년대 등장한 백투백 하우스는 이름에서 알 수 있듯이 여러 채의 주택이 후면부의 벽을 서로 맞닿아 공유하면서 연립하는 독특한 형식이다. 최대한의 세대수를 확보하기 위해 최소한의 통로만을 두고 접해 있고, 길고 폭이 좁은 마당을 둘러싸는 방식으로 배치되어 있다. 주택의 내부는 수도 설비가 갖춰져 있지 않았으며, 통풍이 잘 되지 않고 공용화장실 사용으로 인한 물 부족 현상이 심각하게 나타났다. 그럼에도 불구하고 많은 노동자들은 도시에서 일하기 위해 이 주택에 거주해야만 했다. 당시의 사회적 상황과 노동자 계층의 환경에 부합되는 주거 형식이었던 것이다.

반면 소득 수준이 높은 사람들은 도시 교외의 단독 주택에 거주하는 것을 선호했다. 이것은 영국인들의 주거 문화와도 관련이 있다. 그들은 전원

백투백 하우스

아파트, 도시 노동자를 위한 공간인가 vs 자산으로써의 공간인가

아파트는 산업혁명 이후 도시로 몰리는 인구에 따른 주택 부족을 해결하고자 만들어진 주거 형태이다. 프랑스의 한 지리학자는 대한민국을 보고 '아파트 공화국'이라 지칭하며, 유럽과는 다른 아파트에 대한 인식 차이를 말해 신선한 충격을 주었다.

유럽 국가에서는 아파트가 주로 공공 임대로 제공되며 서민층이 잠시 살다 나가는 공간이자 이민자 출신들의 하층민이 거주하는 공간으로 인식된다. 또한 유럽 내에는 역사가 오래된 도시들이 많기 때문에 오히려 아파트가 도시 경관을 해친다고 보기도 한다. 무엇보다 사생활 보호를 중요하게 여기는 문화를 지니고 있기 때문에 많은 사람들이 함께 거주하는 아파트를 선호하지 않는다.

반면 우리나라는 어떠한가? 우리나라는 개인 자산으로 아파트를 소유할 수 있기 때문에 아파트를 '내집 마련'이라는 꿈이자 부의 축적으로 인식한다. 아파트의 값에 따라 개인 소득 수준이 측정되며 평수에 따라서도 사회·경제적인 공간 분리와 계층적인 시각이 존재하기 때문에 사람들은 더 비싸고 좋은 아파트에 거주하길 선호한다. 이처럼 각 나라의 주거 문화와 사회·경제적 분위기는 거주 공간에 또 다른 역할을 부여한다.

생활을 통해 식물을 기르거나 차를 마시고 일광욕하는 것을 선호했으며, 사생활 보호를 매우 중요하게 여겼기 때문이다. 이러한 특징은 오늘날까지도 이어져 아파트에 대한 인식에서도 나타난다. 영국인에게 아파트란 문화성이 없는 공동 주택이자 잠시 살다 나가는, 이민자와 노동자의 공간으로 인식되고 있다.

세계 최초의 공업도시, 영국의 그레이터맨체스터주

영국의 맨체스터 지역을 떠올리면 가장 먼저 무엇이 연상되는가? 흔히 맨체스터 하면 시의 이름을 딴 축구 구단을 연상하기 마련이다. 그러나 맨체스터 지역이 산업혁명이 시작된 곳이자 세계 최초의 공업도시라는 사실에 대해서도 들어본 적 있는가?

라우리가 1955년 그린 〈산업 경관〉에는 하천을 중심으로 많은 공장들이 세워져 있으며 공장 굴뚝에서는 뿌연 연기가 쉴 새 없이 뿜어져 나온다. 이와 관련하여 영국에서 산업혁명이 발달할 수 있었던 요인은 무엇인지 살펴보기로 하자.

우선 지리적인 관점에서 영국이 산업혁명이 발달한 요인을 살펴보면

라우리, 〈산업 경관〉, 1955, 테이트 모던

크게 세 가지로 구분할 수 있다. 첫 번째, 지형적 측면에서 노천 탄광이 많이 분포한다는 점이다. 영국은 북서부를 중심으로 산맥이 분포하며, 산맥을 따라 석탄과 철광석이 많이 매장되어 있다. 이를 바탕으로 제철공업과 석탄을 활용한 산업들이 발달했다. 또한 이러한 화석 연료는 증기기관의 원료로 사용되면서 공업화가 이루어지는 데 중요한 원동력이 되었다.

두 번째, 영국이 지닌 입지적인 특성이다. 라우리가 1950년에 그린 〈연못〉을 보면 중앙에 큰 연못 같은 형태가 보인다. 연못에는 여러 척의 배가 떠 있고, 그 주변을 많은 공장이 에워싸고 있다. 중앙의 큰 연못이 바로 운하에 해당한다.

영국은 왜 운하가 발달했을까? 운하는 연중 강수량이 많고 하천 유량이 안정된 지역에서 주로 발달하는 교통수단이다. 영국은 서안 해양성 기후가 나타나는 지역으로, 대서양에서 불어오는 편서풍의 영향을 받아 일 년 내내 비가 고르게 내린다. 기후적 특성 덕분에 영국은 하천의 수위를 일정하게 유지해 운하 건설에 유리한 조건을 가지게 된다. 또한 섬나라라는 특성은 운하와 항구 등을 통한 무역이 발달할 수 있는 요인이 되어 산업혁명의 가속화에 큰 영향을 미쳤다.

이러한 지리적 특성으로 영국을 포함한 유럽에서는 하천-하천, 하천-바다를 연결하는 '운하 붐'이 일어났다. 1761년 영국은 워슬리 탄광에서 맨체스터까지 연결한 워슬리 운하를 시작으로 '운하 열광(canal mania)'이라 불릴 정도의 수많은 운하를 개통했다. 운하는 산업혁명 시기 원료나 제품을 운반하는 교통로로 매우 중요한 역할을 했으며 영국의 공업 입지에 큰 영향을 미치게 된다.

영국의 지질도

워슬리 운하

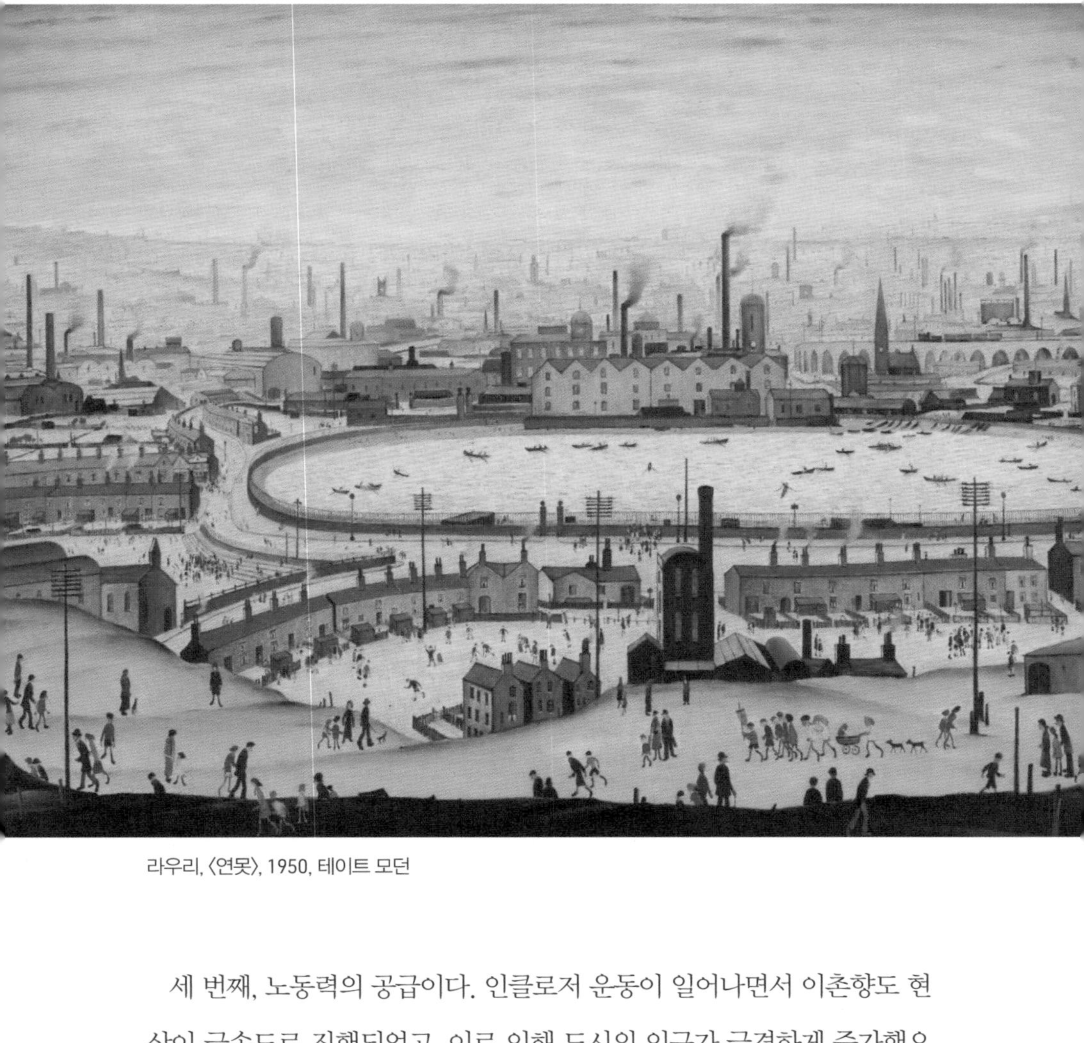

라우리, 〈연못〉, 1950, 테이트 모던

세 번째, 노동력의 공급이다. 인클로저 운동이 일어나면서 이촌향도 현상이 급속도로 진행되었고, 이로 인해 도시의 인구가 급격하게 증가했으며 값싸고 풍부한 노동력이 공장에 공급될 수 있었다. 이러한 노동력의 공급은 기계를 활용한 대량 생산 체제와 빠른 산업화를 뒷받침해 주었다.

그렇다면 영국의 많은 도시 중에서도 특별히 맨체스터주가 세계 최초

맨체스터 휘장

맨체스터 거리의 일벌 장식

의 공업도시가 될 수 있었던 이유는 무엇일까? 당시 맨체스터주는 런던 다음으로 인구가 많았으며 65% 이상이 노동자였다. 면방직 공업이 발달하면서 주변 지역으로부터 많은 인구가 유입되는데, 이러한 현상은 맨체스터주를 대도시로 발달시키는 기반이 되었다. 인구적 특성과 관련하여 맨체스터주는 '일벌(Working Bee)'이라는 재밌는 별칭을 가지고 있다. 여기서 일벌은 수많은 노동자를 상징하는 것으로, 맨체스터의 휘장뿐만 아니라 거리 곳곳에서 일벌 이미지를 찾아볼 수 있다.

또한 운하의 발달과 관련해 설명할 수 있다. 맨체스터주는 영국의 잉글랜드 북서부에 위치해 당시 대표적인 무역항이었던 리버풀항과 인접해 있었다. 1893년 맨체스터 운하가 개통되면서 맨체스터주와 인접한 해안 도시 간의 연결성이 높아졌고, 석탄 수송이 더욱 원활하게 이루어졌다. 그 결과 맨체스터주는 산업혁명의 핵심적인 도시이자 세계 최초의 공업도시가 될 수 있었다.

공동 운명체에서 앙숙 관계로, 맨체스터와 리버풀

맨체스터 유나이티드와 리버풀 FC 엠블럼

유럽 리그의 축구를 아는 사람이라면 누구나 맨체스터 유나이티드와 리버풀 FC 간의 신경전과 열띤 경기를 본 적 있을 것이다. 왜 이들이 서로를 라이벌로 생각하고 꺾고자 하는 이유에 대해 생각해 본 적 있는가?

유럽의 축구는 노동자 계급의 스포츠로 시작된 것이다. 맨체스터와 리버풀 역시 산업혁명의 중심지로, 많은 노동자가 거주하면서 지금의 구단이 형성되었다. 산업혁명 초기 맨체스터는 방직 산업의 중심지로, 리버풀은 무역항의 중심지로 상호보완적인 관계로 공생하던 시절이 있었다. 그러나 시간이 지나면서 서로의 이해관계에 따른 의견 충돌로 인하여 맨체스터는 바다로 연결되는 자체 운하를 만들게 된다. 이로 인해 리버풀은 경제적으로 큰 타격을 입게 되고, 둘의 관계는 한순간에 공동 운명체에서 적대적인 관계로 변했다. 이러한 영향이 축구에도 영향을 미쳐 현재까지 이어져 온 것이다.

산업혁명의 이면, 환경오염과 인간소외 현상

산업혁명은 영국에 많은 발전을 가져왔지만 그 이면에는 여러 가지 문제점이 있었다. 영국은 산업혁명으로 인해 인구가 증가했을 뿐만 아니라 경제적 성장과 도시화가 빠른 속도로 이루어지게 된다. 하지만 영국의 공업도시를 가까이 다가가 보면 슬픈 현실을 마주하게 된다.

라우리의 작품은 밝은색이 거의 사용되지 않아 전체적으로 어둡고 우울한 분위기를 자아낸다. 이러한 특징을 두고 라우리의 고독한 삶과 연관지어 생각할 수도 있다. 하지만 그가 공업도시를 누구보다 자세히, 그러면서도 노동자들의 삶을 사실적으로 표현하고자 했다는 점을 감안하면 당시 도시 자체의 분위기가 그러했음을 짐작해 볼 수 있다.

해당 그림은 라우리가 1943년에 그린 〈우리 마을〉이라는 작품으로, 전

라우리, 〈우리 마을〉, 1943, 로치데일 미술관

체적으로 칙칙하고 어두운 분위기가 나타난다. 특히 하늘을 어떻게 표현했는지 주목해 보자. 공장 굴뚝으로 보이는 것에서 나온 검은 연기가 하늘을 뒤덮어 파란 하늘이 아닌 회백색의 하늘이 보일 것이다. 이는 당시 영국에서 심각한 문제였던 스모그 문제를 사실적으로 드러낸 것이다.

영국은 서안 해양성 기후이자 섬나라라는 지리적 특성으로 인해 안개가 짙게 나타나는데, 이러한 요소와 공장 지대의 특성이 결합하여 '스모그'라는 현상이 발생한다. 스모그는 1905년 영국 도시의 대기 상태를 지칭하는 용어로 처음 사용되었다. 스모그는 연기(smoke)와 안개(fog)가 만나 만들어진 말로 화력발전소나 공장, 빌딩과 같은 곳에서 석탄을 태울 때 생기는 황산화물과 질산화물 등의 대기오염물질이 안개와 섞여서 발생한다. 당시 산업혁명으로 인해 영국에서는 어디서나 엄청나게 많은 양의 석탄을 사용했으며 그 연기가 대기 중으로 배출될 때 안개와 결합하면서 심각한 스모그를 발생시켰다.

이러한 스모그 현상이 절정으로 다다른 최악의 사건이 발생하는데, 바로 1952년 '그레이트 스모그(Great smog)' 사건이다. 1952년 12월 5일부터 9일 사이 런던에서 발생한 스모그로 인해 1만 명 이상이 사망하고 10만 명 이상이 심각한 호흡기 질환을 얻은 사상 최악의 공해 사건이다. 시기는 다르지만, 런던의 사진을 보면 당시에 스모그가 얼마나 심했는지를 가늠할 수 있다. 밤에 찍은 것처럼 보이지만 사실은 한낮의 런던 모습이며, 회색빛의 안개만이 도시 전체를 둘러싸고 있다. 이러한 형국은 소리 없는 살인자처럼 런던 시민들을 죽음으로 이끌었다.

당시 런던은 짙은 스모그로 앞이 보이지 않았으며 운전도 불가능한 상

스모그에 가려진 런던

태였다. 대부분의 사람들은 눈이 아프고 기침이 멈추지 않았으며 도시에는 기관지염, 폐렴, 심장 질환 등의 중병 환자들로 넘쳐났다. 그레이트 스모그 사건은 산업혁명으로 인한 대기오염의 심각성을 알린 계기가 되었다. 라우리는 영국의 이러한 환경 문제를 그림 속에 담고자 전체적인 분위기를 어둡고 칙칙하게, 구름 한 점 없는 회색빛으로 표현했다.

이와 더불어 우리가 산업혁명의 어두운 이면으로 주목해야 할 중요한 사실이 하나 더 있다. 바로 기계적인 삶을 살았던 노동자와 이러한 노동자조차 되지 못한 사람들의 소외 문제이다. 당시 많은 노동자들은 생계를 위해 아침에 눈을 뜨면 어김없이 근무환경이 열악한 공장으로 가야 했고, 휴식시간과 임금 등의 최소한의 권리도 보장받지 못한 채 쳇바퀴 생활을 지속했다.

라우리, 〈공장에서 돌아오는〉, 1930, 더 라우리 컬렉션

1930년 작품인 〈공장에서 돌아오는〉에서는 노동자들의 모습을 빼빼 마른 성냥개비 인간으로 표현했으며, 비슷한 옷차림에 무표정한 얼굴로 땅만 바라보며 걷는 형태로 그렸다. 고된 노동과 여유가 없었던 당시의 삶을 보여 주듯 노동자들은 몸을 앞으로 기울인 채 어딘가로 끊임없이 이동하고 있다. 이러한 표현을 통해 당시 노동자의 삶이 어떠했는지를 상상해 볼 수 있다.

한편 당시 노동자들은 힘겹게 근무하며 하루하루를 살아갔지만, 공업

라우리, 〈불구〉, 1949, 더 라우리 컬렉션

도시 내에서 노동자라는 소속감을 가지고 살아갈 수 있었다. 하지만 이러한 노동자 집단에도 속하지 못해 인간 이하의 취급을 받는 사람들이 있었는데 바로 장애인, 노인, 아이와 같은 사회적 소외계층에 해당하는 사람들이다.

라우리의 〈불구〉라는 작품 속 사람들은 다른 작품들과는 달리 시선은 정면을 향해 있으며 표정과 행동 역시 각기 다르다. 그러면서도 하나같이 기괴한 표정에 불편한 신체를 가지고 있는데, 앞서 라우리의 작품을 감상한 사람들이라면 기존과는 전혀 다른 표현 방식에 의아함을 느낄 것이다. 이 작품은 장애인들의 모습을 희화화해서 표현한 것이다.

최근에는 '불구(Cripples)'라는 단어를 장애인에 대한 저속한 표현으로 여겨 거의 사용하지 않지만, 당시에는 신체적이나 정신적으로 불편함을 가진 사람들에게 노동자로서의 가치가 없다는 이유만으로 이러한 단어를 썼다. 그렇다면 라우리는 왜 이런 그림을 그린 것일까?

그는 공업도시의 경관을 누구보다 현실적이며 구체적으로 표현하고자 노력했다. 이러한 시각에서 〈불구〉라는 작품을 자세히 살펴보는 것이 필요하다. 이 작품은 일하러 가지 못하는 사람들이 공원에 모여 있는 모습을 그린 그림으로, 멀리 희미하게 보이는 공장 앞 울타리를 경계로 공원과 공장의 공간을 분리시키고 있다. 이는 공원에 있는 소외계층의 사람들과 노동자들을 철저하게 구분했던 당시의 사회적 분위기를 보여 준다.

산업혁명 당시 작업 도중 신체를 다치게 되면 노동의 가치가 사라져 생계를 유지할 만한 일을 찾는 것이 매우 어려웠다. 이런 상황 속에서 장애를 가지고 태어난 사람들은 더더욱 사람으로서 대우받지 못했을 것이다. 아이, 노인, 장애인들 역시 도시에 살면서도 도시에 소속되지 못한 채 겉돌 수밖에 없었다. 라우리는 산업화의 어두운 이면을 보여 주고자 이런 그림을 그린 것이 아닐까?

공업도시의 명암처럼 살아간 라우리

라우리는 20세기 산업화된 도시의 모습과 함께 노동자의 삶과 소외된 군중의 고독을 표현하고자 했다. 이를 위해 단순한 재료와 다섯 종류의 물감만을 사용해 사람들의 고독함과 우울감, 그리고 당시 환경 문제의 심각성 등을 표현했다. 그는 밤에는 가정과 노동자의 삶에서 벗어나 온전히 자신의 감정에 집중하여 예술적 혼을 그림에 담았으며, 훗날 그 예술적 가치를 인정받아 명예 문학 박사와 기사 작위까지 받으며 영국인이 사랑한 현대 화가가 되었다.

영국의 급변했던 산업혁명 시기를 대표한 20세기의 현대화가 라우리, 그의 작품을 통해 그의 삶과 그가 살아간 시대적 배경에 대해 다시 한번 생각해 보는 시간이 되었으면 한다.

4장 그림에 담긴 평화 이야기

여덟 번째 이야기

향기로운 커피 뒤에 숨겨진 이야기

커피 하면 어떤 이미지가 떠오르는가? 이른 아침 직장에서 커피 한 잔의 여유를 즐기는 시간이 떠오르는 사람도 있을 것이고 좋은 사람들과 향기로운 커피 원두의 향과 맛을 즐기는 시간을 떠올리는 사람도 있을 것이다. 이렇게 커피는 오늘날 우리 삶에 빠져서는 안 될 가장 대중적인 기호 식품 중 하나이다. 그러나 진정한 커피의 진한 맛을 느끼고 싶다면 향기로운 향 속에 숨겨진 이면을 들여다보기로 하자.

상파울루의 커피 농장에서 태어난 포르티나리

브라질의 대표적인 화가이자 네오 리얼리즘(Neorealism) 스타일의 회화를 대표하는 칸디도 포르티나리(Candido Portinari, 1903~1962)는 브라질의 상파울루 인근 브로도프스키(Brodowski)의 커피 농장에서 가난한 이탈리

칸디도 포르티나리

아 이민자의 아들로 태어났다. 그는 천부적인 예술 감각으로 15세에 국립 미술 학교에 입학했다. 이후 프랑스 유학을 통해 모더니즘에 영향을 받아 자신만의 독특한 화풍을 세우게 된다. 그는 브라질인들의 일상적인 삶에서 작품의 영감을 얻었으며 노동자의 삶뿐만 아니라 인디오, 흑인, 메스티소 같은 다양한 브라질 사람들의 삶을 단골 소재로 삼았다. 특히 포르티나리는 사회 문제에 깊은 관심을 가지고 노동 착취와 같은 정의롭지 않은 사회의 모습을 그림을 통해 고발하고자 했다.

그는 유년시절 커피 농장의 실태를 보고 자랐기 때문에 누구보다 그곳에서 일하던 노동자들의 힘든 삶을 공감할 수 있었다. 포르티나리는 자신이 평생 보고 느낀 농장의 모습을 작품에 반영했는데, 그중 커피를 소재로 그린 작품만 56점에 달한다.

커피 플랜테이션 노동자의 삶을 보여 주는 작품, 〈커피〉

그의 대표적인 작품 중 하나인 〈커피〉를 함께 감상해 보자. 그림 속 빽빽하게 들어선 커피나무와 함께 많은 노동자들이 보인다. 이들은 표정을 거의 드러내지 않은 채 무거워 보이는 커피콩 자루를 힘들게 옮기고 있다. 당시 커피 농장 노동자들이 겪었던 고단한 삶이 사실적으로 표현되어 있다. 작품의 전반적인 분위기는 붉고 어둡지만, 노동자들은 대부분 이와 대비되는 흰색 옷을 입고 있다. 우리는 노동자들이 정해진 반경 내에서 기계처럼 고된 노동을 반복하며 수행하고 있는 모습과 맨발로 일하는 모습을

칸디도 포르티나리, 〈커피〉, 1935, 리우데자네이루 국립미술관

통해 열악한 노동환경의 실태를 엿볼 수 있다.

한편 그림의 왼쪽에는 모자를 쓰고 노동자들에게 손가락질하는 사람의 모습이 보이는데, 그의 외적인 모습에서 농장의 감독관임을 추측할 수 있다. 노동자들은 맨발로 일을 하고 있는 반면 감독관은 부츠를 신고 있는 모습이 농장 안에서의 계급을 보여 준다. 이 그림에 나타난 노동자들은 대

플랜테이션이란?

플랜테이션이란 열대 및 아열대 기후 지역에서 선진국이나 다국적 기업의 자본과 원주민의 값싼 노동력을 결합해 대규모로 상품 작물을 재배하는 농업방식이다. 대규모의 농장을 경영하기 위해 주로 현지의 원주민을 고용했으나, 식민 지배의 과정에서 많은 흑인들이 노예로 끌려와 강제 노역이 이루어지기도 했다. 그 밖에 유럽의 이민자들이 일자리를 찾아 취업을 하는 경우도 있었다. 플랜테이션으로 경작되는 대표적인 작물에는 커피, 카카오, 차, 사탕수수, 천연고무, 면화, 바나나 등이 있다.

플랜테이션 농장

개 얼굴이 그려지지 않았으며 그림 앞 부분의 왼쪽 여성과 오른쪽 남성의 얼굴만 비교적 상세히 표현되어 있다. 그러나 그마저도 창백한 피부에 눈을 감고 체념하는 듯한 망연자실한 모습이다. 이를 통해 커피 농장 노동자들의 끝없는 노동의 고통과 추락한 인권의 현실을 볼 수 있다.

마지막으로 이 작품에서 눈여겨볼 점 중 하나는 노동자들의 손과 발, 몸을 지나치게 과장하여 묘사했다는 점이다. 이는 노동자라는 의미를 더욱 부각하고 그들이 플랜테이션 농장에서 중요한 인력이라는 것을 강조하는 의도라 볼 수 있다. 또한 작가가 그들이 외부의 지배자들에 의해 강한 억압과 강요를 받으며 짐승 같은 삶을 살고 있다는 점을 표현하고자 신체적 형태를 왜곡해 그렸다고 해석할 수도 있다.

브라질이 세계 커피 수출량 1위 국가가 될 수 있었던 이유

세계 커피 수출량 통계를 보면 베트남, 에티오피아, 인도네시아 등 주로 열대 기후 지역에서 커피가 많이 생산되는 것을 알 수 있다. 그중에서도 브라질은 세계 최대의 커피 생산국이다. 특히 상파울루는 커피 생산지로 유명한데, 이 지역에서 커피가 많이 생산되는 이유는 무엇일까?

커피가 주로 생산되는 지역을 묶어서 '커피 벨트'라고 부른다. 커피 벨트의 범위는 적도를 중심으로 북·남회귀선 사이에 해당하며, 이 범위에서는 커피가 잘 자랄 수 있는 기후와 토양이 나타난다. 브라질은 커피 벨트에 속해 있는 대표적인 국가이다.

커피는 재배 조건이 다소 까다로운데, 연평균 기온이 20~25℃에 해당하면서도 일 년 내내 따뜻한 곳에서 잘 자란다. 하지만 강한 햇볕과 열에는 약해 '녹음수(Shade tree)'라고 불리는 야자수나 바나나나무 등을 중간중간에 함께 심어 그늘을 만드는 것이 필요하다. 연평균 강수량은 2,000mm 미만이면서도 주변 토양층이 깊어 물 저장 능력이 높은 곳에서 잘 자라지만 배수가 용이해야 하기 때문에 약간 경사진 지형이 적합하다. 마지막으로 커피의 향과 맛이 풍부해지기 위해서 일교차의 작용이 필요한데, 고지대는 이러한 모든 요소를 갖춘 곳이다.

상파울루는 800m 고도의 햇볕에 장시간 노출되지 않는 경사지에 위치한다. 이 지역은 일교차가 크고 연평균 기온이 18.5℃로 여름은 서늘하며 쾌적한 기후가 지속된다. 연평균 강수량은 1,480mm로 적당하고, 붉은색의 현무암 풍화토인 테라록사(Terra roxa)가 발달해 물 빠짐과 보수력이 좋다. 이는 커피 재배의 중심지가 될 수밖에 없는 최적의 장소라 할 수 있다. 이러한 자연환경적 요소는 포르티나리의 〈커피〉 안에서도 쉽게 찾아볼

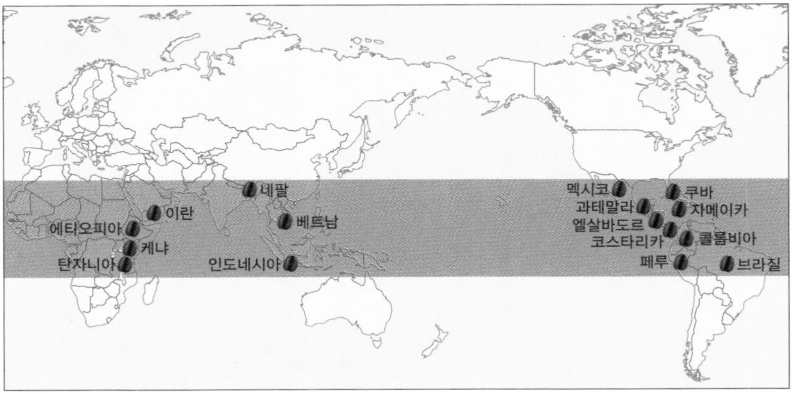

커피 벨트 지역

수 있다. 포르티나리는 땅을 붉은색으로 그렸으며 빽빽한 커피나무 사이에 야자수를 그려 강한 햇볕으로부터 커피나무를 보호하기 위한 녹음수를 표현했다.

더불어 인문환경적인 측면에서 커피 생산이 발달한 이유도 살펴보자. 브라질은 과거 포르투갈의 식민 지배를 받아 플랜테이션이 발달했다. 이때 필요한 노동력을 충원하고자 많은 흑인 노예들이 브라질로 끌려오게 되었다. 그들은 기본 인권을 보장받지 못한 채 열악한 환경에서 노동력을 착취당했다. 이후 1888년 브라질에서 노예제가 폐지되면서 흑인 노예의 빈 자리를 일자리를 찾아 온 유럽의 가난한 이민자들이 채우게 되었다. 특히 당시 이탈리아 이민자들의 유입 비중이 높았는데, 포르티나리의 부모 역시 이탈리아 이민자였다.

이러한 배경을 종합해 보면 그가 왜 상파울루 인근 지역의 커피 농장에서 태어났는지, 그리고 왜 평생 커피 농장을 배경으로 하는 그림을 많이 그렸는지 알 수 있을 것이다. 이렇게 흑인 노예와 유럽 이민자들이 상파울루 지역에 유입되면서 상파울루의 인구수는 급격하게 증가했으며, 커피로 벌어들인 많은 수익은 상파울루가 브라질 최대 도시가 되는 데 크게 기여했다. 또한 상파울루의 남동쪽 50km에 위치한 산투스항은 상파울루에서 재배된 커피가 세계로 수출되는 데 큰 역할을 했다. 이로 인해 오늘날 브라질은 세계 커피 수출국 1위라는 위치에 오를 수 있었다.

공정무역, 노동에 대한 정당한 권리인가 vs 그린워싱의 일환인가

커피는 국제시장에서 석유 다음으로 거래량이 많은 상품으로 가격의 변동이 심한 편이다. 그렇기 때문에 커피 농장에서 일하는 노동자들의 수익 역시 엄청나게 높을 것이라 생각할 수 있다. 하지만 그들이 처한 현실을 깨닫는 순간, 그것은 착각이라는 사실을 알 수 있다.

커피 노동자들은 자신이 소유한 땅에서 농사를 짓는 것이 아니라 다국적 기업이 소유한 농장에 고용되어 일을 한다. 또한 그들은 뜨거운 태양 아래 적절한 휴식 시간도 보장받지 못하는 열악한 환경 속에서 일한다. 하지만 커피 재배를 통해 그들에게 돌아가는 수익은 전체 수익의 0.5% 정도로 매우 적다.

그렇다면 그들의 노동의 대가는 도대체 누가 가져가는 것일까? 바로 다국적 기업과 유통업체이다. 다국적 기업은 플랜테이션을 통해 재배된 대량의 커피를 싼값에 구입하고 전 세계로 유통하는 과정에서 많은 수익을 독차지하며 자신들의 이익을 극대화한다.

다국적 기업과 노동자 간의 불공정한 무역구조로 인해 발생하는 부의 편중과 환경 파괴, 노동력 착취, 인권 침해 등의 문제를 비판하며 최근 등장한 개념이 바로 공정무역이다. 공정무역이란 생산자의 노동에 정당한 대가를 지불하면서 소비자에게는 조금 더 좋은 제품을 공급하는 윤리적인 무역을 말한다.

공정무역의 목표는 개발도상국의 가난한 생산자를 원조 및 자선의 방식으로 돕는 것이 아니라 경제적으로 자립할 수 있는 역량을 키워 지속 가능한 발전을 이루도록 돕는 것에 있다. 더 나아가 생산자와 소비자 모두 행복해지는 거래 형태라는 의미로 착한 소비, 윤리적 소비를 적극적으로 권장하고 있다.

최근 공정무역과 관련된 연구 자료를 보면 성과와 동시에 다양한 한계

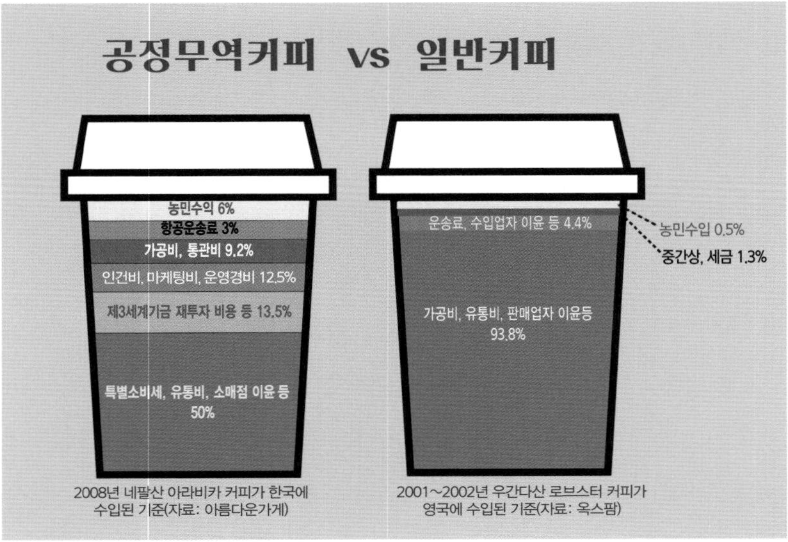

일반 커피와 공정무역 커피의 이익 배분 구조

공정무역 거래의 기본 원칙

첫째, 구매자는 생산자에게 최저 구매 가격을 보장하고 대화와 참여를 통해 합의된 가격을 지불해야 한다.

둘째, 동일 노동에 대해 동일 임금 원칙을 준수하며 아동의 권리를 존중하고 안전하고 건강한 노동환경을 제공해야 한다.

셋째, 생산자는 인종과 국적, 종교, 나이, 성별 등과 관련된 각종 차별을 철폐하고 환경발전에 기반을 두어야 한다.

가 함께 나타나고 있다. 먼저 공정무역은 저개발국 생산자의 소득 수준을 향상시켰고 생산자 조합 결성을 통한 지역 공동체의 활성화에 기여했다. 더 나아가 지역 문화와 농업의 정착으로 지역사회의 이익이 크게 향상되면서 사회적 인프라 구축 및 아동의 취학률 증가와 같은 긍정적인 영향을 미쳤다.

그러나 공정무역은 저개발 국가의 산업 구조 다각화에 방해가 되는 문제점을 가지고 있다. 이 점은 플랜테이션이 이루어지는 대부분의 국가에서 나타나는 문제이기도 하다. 수익성이 높은 작물만 경작하다 보니 정작 본인들이 소비해야 할 식량 생산은 하지 않게 되며, 공정무역에 의해 임금을 제대로 받는다고 하더라도 그 돈으로 식량을 수입하는 과정이 반복되면서 근본적인 식량 부족 문제를 해결하지 못한다는 것이다. 더불어 1차 산업에만 열중하다 보니 2차, 3차 산업의 발달이 지연되기도 한다.

또한 '그린워싱(Greenwashing)'이라는 문제가 나타난다. 그린워싱이란 녹색의 '그린(Green)'과 더러운 곳을 흰색 페인트로 덧칠하거나 결점을 숨긴다는 뜻의 '화이트 워싱(White washing)'의 합성어로, 기업이나 단체를 허위·과장 광고나 홍보 수단 등을 이용해 친환경적인 모습으로 포장해 경제적 이익을 취하는 '위상 환경주의' 또는 '친환경 위장술'을 가리킨다.

공정무역에 대한 소비자들의 관심이 높아지면서 기업들의 책임론 역시 부각되었다. 다국적 기업들은 이런 사회적 흐름에 앞장서 공정무역을 실천하는 모습을 보였다. 그러나 몇몇 기업들은 이윤 극대화를 위해 일종의 마케팅 전략으로 공정무역을 활용했다. 공정무역이 보호하려던 저개발 국가들의 전통이나 환경과 같은 가치들은 부차적인 것으로 내몰리게 되고 오히려 공정무역이라는 이미지를 바탕으로 하는 수익이 핵심으로 부각되는 주객전도가 나타난다는 것이다.

소비자는 생산자들의 근로환경 개선과 공정하고 윤리적인 소비를 위해 비싸더라도 공정무역 제품을 구매했으나, 그것은 오히려 다국적 기업의 수익 창출에만 도움을 주게 된 셈이다. 기업은 노동자에게 이윤 중 일부를 돌려주지 않고 그저 더 저렴한 생산업체를 찾아 거래하면서 더 많은 이익을 챙긴다. 우리는 이것이 과연 윤리적 소비인지에 대해서, 그리고 궁극적으로는 공정무역의 의미에 대해 다시 생각해 보아야 할 것이다.

칸디도 포르티나리가 살았던 시대는 노동자들이 정당한 권리를 누리지 못하고 힘겹게 살아가던 시기였다. 이를 해결하고자 공정무역이 등장했지만 과연 이것이 생산자들을 위한 정책인가에 대해서는 많은 생각을 요구한다. 만약 포르티나리가 지금까지 살아있었다면 그는 새로운 플랜테이션 농장의 모습이 담긴 그림을 그렸을까? 아니면 여전히 그때와 같은 모습이 담긴 그림을 그렸을까?

작품의 정신은 작가의 감성을 알려 주며, 작품은 그 수단이다

지금까지 살펴본 것처럼 칸디도 포르티나리의 작품에는 당시 브라질에서 이루어졌던 플랜테이션과 노동자의 고단한 삶이 잘 담겨 있다. "작품의 정신은 작가의 감성을 알려 주며, 작품은 그 수단이다."라는 작가의 말에서 알 수 있듯이 그는 작품에 자신이 태어나고 자라면서 보았던 브라질의 커피 농장의 모습을 표현했다. 나아가 브라질 노동자들이 겪었던 삶에

1989년 당시 브라질 화폐 속
칸디도 포르티나리

대한 연민뿐만 아니라 그들의 강한 의지를 표현하고자 노력했다. 이렇게 평생 그림을 통해 브라질 노동자들이 겪은 정의롭지 못한 현실을 세상에 알린 포르티나리를 브라질 국민들은 사랑할 수밖에 없지 않을까?

아홉 번째 이야기

흑인 예술가가 아닌 예술가

그래피티 아티스트이자 예술가인 바스키아의 정식 이름은 장 미셸 바스키아(Jean-Michel Basquiat, 1960~1988)이다. 바스키아의 아버지는 프랑스의 지배를 받았던 아이티계 이민자였고 어머니는 푸에르토리코계 이민자였으며, 그의 이름에서 이러한 문화적 배경이 드러난다. 어려서부터 바스키아의 어머니는 바스키아를 미술관에 데리고 다니며 예술가의 꿈을 키워 주었다. 특히 그가 어린 시절 교통사고로 병원에 입원했을 때 그의 어머니가 선물한 해부학책은 향후 바스키아의 예술 작품에 지대한 영향을 미쳤다.

바스키아는 27세라는 젊은 나이에 요절하기 전까지 2,500점이라는 매우 많은 작품을 남기며 자신만의 독창적인 스타일을 구축한 아티스트이다. 그는 그래피티 그룹 '세이모(SAMO)'를 결성해 뉴욕 그래피티 예술계에서 큰 명성을 얻었으며, 당시 유명한 팝아트 예술가 앤디 워홀(Andy Warhol)과의 만남은 그를 미국 예술계의 떠오르는 스타로 만들어 주었다.

검은 피카소

바스키아는 다양한 상징과 기호를 이미지와 함께 제시하며 자신만의 독특한 표현법을 창조해 냈다. 그의 독특하고 창의적인 표현법은 당시 사람들에게 큰 찬사를 받았고, '검은 피카소'라는 별명을 만들어 주었다. 바스키아는 자신의 작품에 당시 사회를 비판하는 메시지를 담으며 자신의 생각을 거침없이 표현했다. 특히 그는 1980년대 인종차별이 팽배했던 사회 분위기 속에서 인종차별을 비판하는 작품을 통해 백인 주류사회를 비판했다. 또한 그는 작품에 미국 사회 내에서 존재감을 드러내던 흑인 인권 운동가, 스포츠 스타, 뮤지션들에게 바스키아의 트레이드 마크인 왕관 기호를 그려 넣으며 존경을 표현하기도 했다.

바스키아의 작품으로 보는 미국 사회 내 흑백 갈등

앞서 이야기한 것처럼 바스키아 작품에는 인종차별이 팽배했던 당시 시대 현실을 강하게 비판한 작품이 많다. 소개할 작품은 〈마이클 스튜어트의 죽음〉이라는 작품이다. 이 작품의 배경이 된 사건을 알면, 작품을 더욱 깊이 이해할 수 있을 것이다.

1983년 9월 15일 미국의 그래피티 아티스트였던 마이클 스튜어트는 지하철역 벽에 낙서를 한 혐의로 뉴욕시 교통 경찰관에게 붙잡히게 된다. 문제는 당시 25세였던 마이클 스튜어트가 무려 11명의 경찰에게 구타를 당해 사망했다는 것이다. 이 사건으로 6명의 백인 경찰관이 기소되었으나 모두 무죄를 선고받았다. 이 사건이 당시 사회에 큰 이슈가 되었던 이유는 마이클 스튜어트가 바로 아프리카계 미국인, 즉 흑인이었기 때문이었다. 바스키아는 이 소식을 듣고 친구들에게 "마이클 스튜어트가 나일 수도 있었다."라는 말을 했다고 한다.

그림을 보면 바스키아는 그림 한가운데에 마이클 스튜어트처럼 보이는

장 미셸 바스키아, 〈마이클 스튜어트의 죽음〉, 1983, 개인소장

인물을 배치했고, 인물의 머리 위에 마치 천사의 후광처럼 보이는 선을 그렸다. 그리고 인물의 주위에는 경찰봉을 들고 공격할 준비를 하고 있는 경찰을 그렸다. 그림 가운데 적어놓은 "DEFACIMENTO"는 작품의 또 다른 이름인 파손(Defacement)을 의미한다. 뒷모습만 보이는 마이클 스튜어트의 모습과 백색을 넘어 선명한 분홍색의 피부와 날카로운 이빨을 드러낸 경찰의 모습에서 무서운 폭력성 앞에 무너진 한 사람의 비극을 생생하게 느낄 수 있다. 바스키아는 마이클 스튜어트의 비극적인 죽음에 대한 슬픔

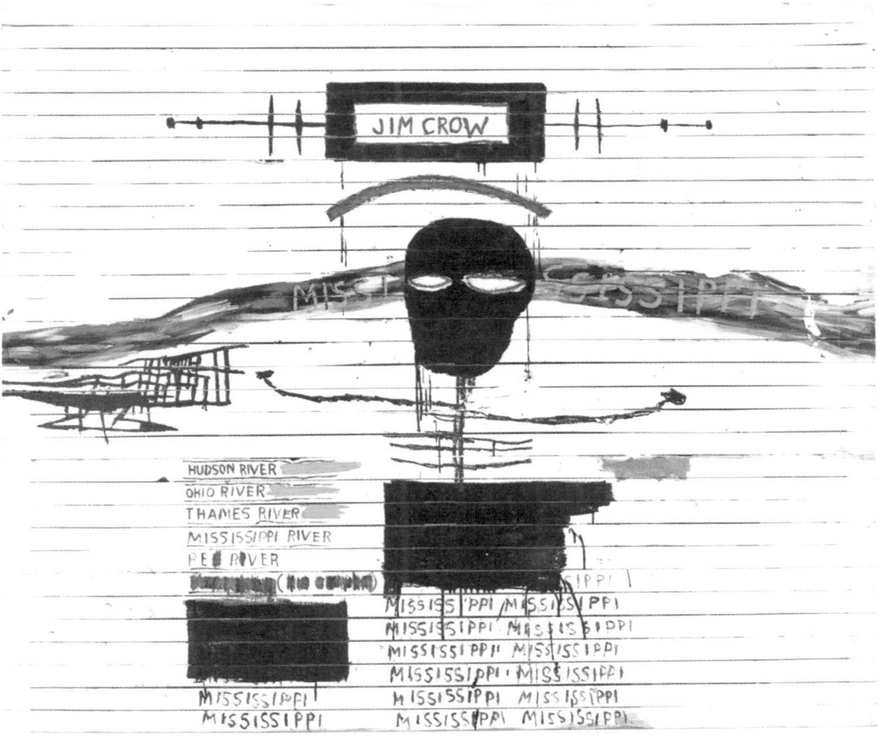

장 미셸 바스키아, 〈짐 크로〉, 1986, 개인소장

을 그림으로 담았고, 이 작품은 당시 끔찍했던 인종차별과 경찰의 잔혹성을 보여 주며 오늘날 우리에게 많은 물음을 던져 주고 있다.

앞 작품의 이름은 〈짐 크로〉이며, 바스키아는 그림 속 흑인이라는 정체성으로 인해 차별에 시달렸던 자신의 이야기와 짐 크로법의 그늘 아래 고통받던 미국 남부 흑인들의 이야기를 담았다. 그림 중앙에는 붉은 눈을 빛내며 십자가에 매달린 듯한 형상을 가진 사람이 그려져 있다. 그리고 그 사람은 앙상한 갈비뼈와 팔다리, 검은 피부를 가졌다. 그의 위에는 선명한

인종차별을 법으로 정당화한 짐 크로법

짐 크로법은 도대체 어떠한 법이길래 흑인들을 이렇게 고통스럽게 만들었을까? 짐 크로법은 공공장소에서 백인과 흑인의 분리를 목적으로 만들어진 법이자 미국 남부 주에서 1876년부터 1965년까지 80년 넘게 시행된 법이다. 이 법의 명칭인 짐 크로는 당시 코미디 뮤지컬에서 유명해진 흑인 캐릭터의 이름에서 따온 것으로 흑인을 경멸하는 의미로 사용되어 왔다. 짐 크로법에 따라 흑인들은 극장, 식당, 버스, 화장실 등 공공시설에서 백인과 분리되어 극심한 차별 대우를 받았다.

유색인종 전용 음료수장

붉은 글씨로 "짐 크로(JIM CROW)"라는 글씨가 새겨져 있다. 짐 크로법으로 인해 미국에 거주하며 고통받은 흑인들의 아픈 삶을 낙서처럼, 하지만 어떤 말과 그림보다 더욱 분명하게 보여 주고 있다.

이 고통 받는 검은 남자 뒤에는 푸른 강이 흐르고 있고, 이 강 위에는 "MISSISSISSIPPI"라는 황금색 글씨가 새겨져 있다. 또한 그림 왼쪽 하단에는 초록색 글씨로 미국의 허드슨강, 오하이오강, 템스강과 함께 미시시피라는 단어가 반복적으로 쓰여 있다. 바스키아가 그림 안에 유독 이 단어를 강조한 이유는 무엇일까? 여기에는 미시시피에 담긴 미국의 역사, 더욱 정확히 말하자면 흑인들의 강제 이주에 따른 아픈 역사가 담겨 있기 때문이다.

노예 무역에서 비롯된 흑인의 강제 이주

1492년 콜럼버스가 인도라고 믿었던 아메리카 대륙에 도착한 이후, 아메리카를 향한 유럽인들의 본격적인 이동이 시작되었다. 유럽인들은 아메리카 대륙을 식민지로 만들어 아메리카 원주민들의 금과 은을 착취하고, 플랜테이션 농업을 통해 그들이 원하는 카카오, 사탕수수, 담배 등을 재배했다. 이러한 과정은 모두 아메리카 원주민들의 강제 노동으로 이루어졌다.

유럽인들은 천연두, 홍역과 같은 전염병도 함께 가지고 왔으며 이로 인해 많은 아메리카 원주민들이 목숨을 잃었다. 이러한 상황에서 유럽인들은 잃어버린 노동력을 확보하기 위해 아프리카에서 사람들을 납치해 노

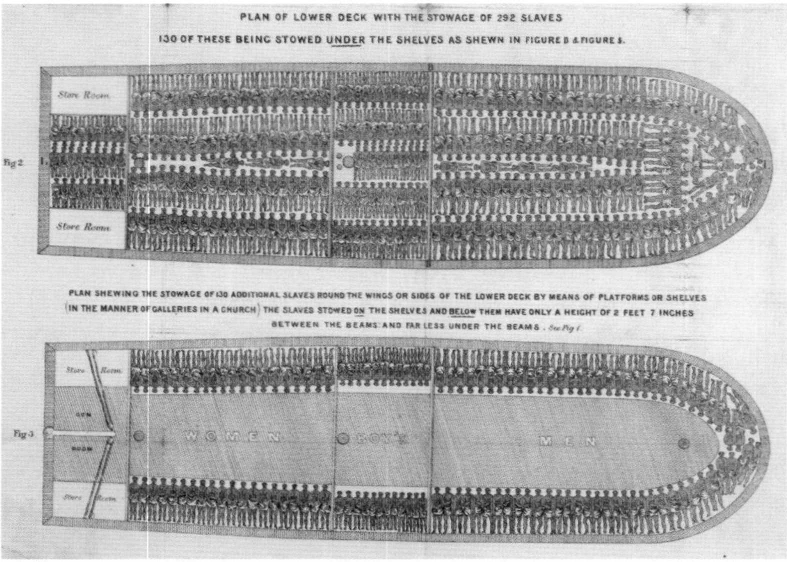

노예선 브룩스호의 하갑판

예로 만들겠다는 계획을 세우고 실행에 옮겼다. 이른바 노예무역이 시작된 것이다. 아프리카 흑인들은 강제로 노예선에 태워져 손과 발에 쇠사슬이 채워지고 영양실조에 시달리며 넓은 대서양을 건너 아메리카 대륙으로 끌려왔다.

이렇게 끌려온 흑인들은 주로 광활한 목화 농장이 펼쳐진 미국 남부 지역으로 보내졌다. 그들은 거대한 농장에서 밤낮없이 보수도 받지 못하고 강제로 일을 해야만 했다. 노예 감독관에게 사정없이 채찍을 맞으며 이동의 자유조차 누리지 못했고, 인간이 아닌 농장주의 재산이 되어 끝없이 노동력을 착취당했다. 바스키아의 그림 〈짐 크로〉에서 언급된 미시시피주에서도 흑인 노예들이 강제로 끌려와 거대한 플랜테이션 농장에서 노동력을 착취당했다.

미시시피주는 1861년부터 4년간 벌어진 미국 남북 전쟁(American Civil War)에서 두 번째로 미합중국에서 탈퇴한 주일 만큼 노예 제도를 가장 강하게 옹호하는 지역이었고, 남북 전쟁 이후에도 남부에서 가장 인종적으로 제한된 지역이었다. 또한 앞서 언급한 끔찍한 인종차별법인 짐 크로법이 굳이 필요하지 않을 만큼 이미 관습적으로 흑인과 백인의 차별이 당연하게 여겨지는 지역이기도 했다.

2009년 출간되어 영화로도 제작된 『헬프(The Help)』는 미국에서 흑인 지도자들이 인종차별에 저항하며 인권 운동을 적극적으로 펼치던 1960년대 미시시피주를 배경으로 한 작품이다. 이 작품은 당시 미시시피주의 인종차별뿐만 아니라 계급, 젠더 등의 차별을 다루고 있는데, 영화를 통해 우리는 당시 심각했던 미시시피주의 인종차별 문제를 생생하게 접할 수 있다.

영화 〈헬프〉

이 영화는 1963년 미국 남부 미시시피주를 배경으로 한 캐스린 스토킷의 소설 『헬프(The Help)』를 각색한 작품이다. 흑인 가정부는 백인 주인과 화장실도 같이 쓸 수 없던 시절의 이야기를 담은 작품으로 대학 졸업 후 지역 신문사에 취직한 주인공 스키터와 베테랑 가정부 에이블린의 시선을 따라 이야기가 전개된다. 17명의 백인 아이를 헌신적으로 돌봤지만 정작 자신의 아들은 사고로 잃은 에이블린은 어느 누구도 관심 갖지 않던 자신과 흑인 가정부들의 인생을 책으로 써보자는 제안을 받는다. 마침 주인집의 화장실을 썼다는 이유로 해고된 가정부 미니가 합류하게 된다. 그들은 차별과 불만을 이야기하는 것조차 불법이 되고 생명을 위협받는 위험한 시대에 자신들의 이야기를 담은 책을 탄생시킨다.

이러한 역사적 배경으로 인해 미시시피주에서는 1960년대 미국 흑인 평등을 위한 가장 격렬하고 적극적인 저항이 이루어졌다. 당시 이러한 흑인 인권 향상을 위한 절실한 노력과 희생은 바스키아에게 큰 영감을 주었다. 그리고 그들의 영웅적인 투쟁에 대한 바스키아의 진심 어린 존경이 작품 안에 고스란히 녹아 우리에게도 큰 울림을 주고 있다.

레드라이닝, 백인과 흑인의 거주 공간을 분리하다

그렇다면 바스키아가 살았던 50년 전 미국의 상황과 현재 상황은 많이 달라졌을까? 아마 바스키아가 살아있었다면 지금까지도 앞에서 감상했던 〈짐 크로〉와 같은 작품을 여전히 그리고 있을 것 같다는 생각이 든다. 흑인 인권 향상을 위한 움직임에도 불구하고 인종차별은 지금까지 이어지고 있고, 더 나아가 공간적으로도 명확하게 드러나고 있다. 오늘날 미국의 대도시에서는 인종에 따른 거주 공간의 구분이 뚜렷하게 나타나는데, 이러한 공간적인 차별 문제를 '레드라이닝(Redlining)'이라는 개념을 통해 들여다보고자 한다.

레드라이닝은 은행이나 보험 회사가 특정 지역에 대해 금융 서비스를 거부하는 행위로 주택금융담보대출과 매우 밀접한 관련이 있다. 주택은 인간이 살아가기 위해 반드시 필요한 재화이며, 주택을 구입할 때는 많은 자본이 필요하기 때문에 은행에서 대출을 받는 경우가 많다.

레드라이닝은 1935년 미국 주택소유자자금대출회사(HOLC)가 239개 도시를 조사하여 지역별 부동산 투자에 대한 안전 수준을 표시하기 위해 제작한 '주거 보안 지도'에서 나온 개념이다. 이 지도에서는 각 지역 거주민들의 신용도에 따라 A등급(초록색), B등급(파란색), C등급(노란색), D등급(빨간색) 경계로 표시했다. 주로 낙후된 구도심 지역이나 흑인을 비롯한 유색인종이 살고 있는 지역이 빨간색 경계로 표시되어 있었기 때문에 이를 레드라이닝이라고 부르게 되었다.

이러한 은행의 대출 등급은 그 지역에 거주하는 사람들의 소득에 따라 책정되었다고 생각하기 쉽지만, 지역 거주민의 소득이 높더라도 흑인이 거주하고 있다면 D등급으로 구분한 사례를 보면 이 제도가 인종차별에 기반한 것을 알 수 있다. D등급 지역의 거주민들은 이러한 기준에 따라 대출이 거부되기 일쑤였으며 대출을 받더라도 높은 이자율과 많은 수

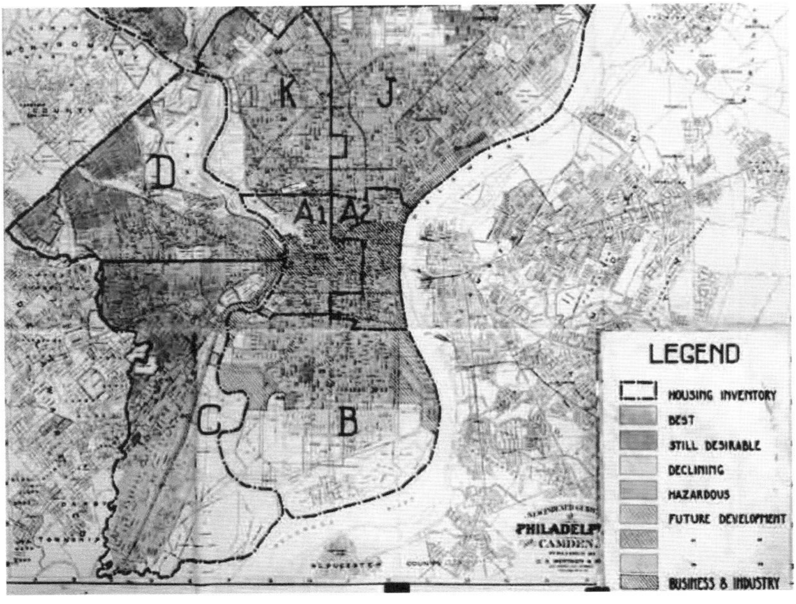

필라델피아의 주거보안지도

수료를 부담해야 했다. 대출이 어려워지면서 공공시설 인프라뿐만 아니라 상업시설도 빠르게 낙후되었고, 집이 팔리지 않아 다른 지역으로의 이사 또한 어려워지면서 특정 인종들이 강제로 모여 거주하는 빈곤한 게토(Ghetto)로 전락하고 말았다.

이로 인해 미국 사회에서 게토에 거주하는 흑인이나 소수 인종에 대한 부정적인 인식이 확산되었고 사회 내 인종 문제 해결의 실마리는 여전히 보이지 않고 있다. 레드라이닝은 교묘하게 백인과 흑인의 거주 공간을 명확하게 분리시킨 인종차별 정책이라고 볼 수 있다.

끝나지 않은 인종차별

2020년 5월 25일 미국 미네소타주 미니애폴리스에서 비무장 상태의 흑인 남성 조지 플로이드가 백인 경찰의 과잉 진압으로 인해 사망하는 사건이 발생했다. 다음날 백인 경찰에게 살려 달라고 호소하는 조지 플로이드의 모습을 담은 영상이 SNS를 통해 퍼지면서 "흑인의 생명은 소중하다(Black lives matter)", "조지 플로이드에게 정의를(Justice for George Floyd)"이라는 문장이 적힌 팻말을 든 시민들이 거리에 나와 시위를 벌였고 점차 미국 전역으로 퍼져 나갔다. 이 시위의 모습은 1960년대 마틴 루터 킹 목사의 흑인 민권 운동을 연상시키며 아직 해결되지 않은 미국 내 인종차별의 현실을 생생하게 보여 주고 있다.

이뿐만이 아니라 최근 코로나19 팬데믹 상황 속 미국, 유럽 등지에서 동양인에 대한 혐오 범죄 또한 급증했는데, 언어폭력뿐만 아니라 신체적인

'흑인의 생명은 소중하다' 운동

폭력으로까지 이어졌다. 이러한 범죄의 심각성을 느낀 사람들의 SNS에서 동양인에 대한 혐오를 멈춰달라는 뜻의 #StopAsianHate 캠페인이 벌어지기도 했다.

혐오를 넘어 포용과 공존으로

50년 전 바스키아가 살았던 시대처럼 지금도 여전히 인종차별과 서로에 대한 혐오는 줄어들지 않고 있다. 우리가 사는 사회에서 이러한 차별과 혐오를 없애고 서로를 존중하고 공존하며 사는 방법은 없는 것일까?

미국은 다양한 국가에서 온 이민자들에 의해 발전한 '이민자의 나라'라고도 불린다. 미국처럼 한 국가나 사회 속에 다른 인종이나 민족 등 여러 집단의 문화가 함께 존재하는 사회를 다문화 사회라고 한다. 미국은 흑인의 강제 이주뿐만 아니라 다양한 국가에서 많은 이민자의 이주로 만들어졌다.

이 시기 미국 정부는 이민자들을 미국 사회에 융합시키는 동화주의 정책을 펼쳤는데, 이 정책을 뒷받침하는 이론을 '멜팅팟(Melting pot)' 이론이라고 한다. 여기서 멜팅팟은 용광로를 의미하는 것으로, 멜팅팟 이론이란 다문화 사회에서 각 집단의 문화를 한데 모아 용광로에 넣어 녹이듯 하나의 문화로 만드는 것을 의미한다. 하지만 멜팅팟 이론에 기초한 동화주의 정책은 당시 사회의 주류 세력이였던 백인 문화로의 동화를 의미했으며, 이 과정에서 사회 내 인종 간 많은 차별과 갈등이 발생했다.

이러한 차별과 갈등을 해결하기 위해 많은 고민과 노력이 있었고, 최근에는 사회 내 다양한 문화를 인정하고 소수 집단의 문화와 주류 집단의 문화 공존을 강조하는 다원주의 정책이 강조되고 있다.

캐나다에 위치한 퀘벡은 다원주의 정책의 대표적인 지역이다. 역사적 배경으로 인해 영어를 사용하는 캐나다에서 퀘벡은 인구의 80% 이상이 프랑스계로 구성되어 있으며, 언어도 프랑스어를 사용한다. 캐나다라는 나라 안에 퀘벡이라는 또 다른 나라가 존재하고 있는 것과 다름없다.

캐나다 정부는 무리하게 퀘벡 내 영어 사용을 강요하기보다는 영어와 프랑스어를 동시에 공용어로 지정했다. 서로의 다름을 인정하고 존중하기로 결정한 것이다. 물론 퀘벡 내에서도 두 번의 분리 독립을 위한 투표가 진행되었지만 부결되었고, 심각한 폭력 사태나 갈등은 발생하지 않았다. 이러한 움직임 또한 캐나다의 다원주의 정책의 큰 성과로 보는 사람들

퀘벡에 있는 프랑스어 관광 안내

프랑스 총독 이름을 딴 샤토 프롱트낙(Château Frontenac)

이 많다.

이렇게 서로 다른 문화를 존중하고 인정하는 정책을 뒷받침하는 이론을 '샐러드볼(Salad Bowl)' 이론이라고 한다. 다양한 야채와 과일들이 모여 각자의 향과 맛을 뽐내며 조화를 이루는 샐러드처럼 샐러드볼 이론은 다양한 인종과 문화를 가진 사회 구성원들이 서로 공존하며 조화로운 통합을 이루는 것을 의미한다. 이렇게 인종이나 계급이 아닌 한 인간으로서 존중받으며 당당하고 자유롭게 살 수 있는 사회가 풍요로운 사회가 아닐까?

서로의 정체성을 틀린 것으로 판단하지 않고 다른 것이라 인정하는 열린 생각을 가지고 겉모습이 아닌 사람으로서 서로를 바라본다면 우리 사회는 조금 더 따뜻해질 것이다. 우리가 가지고 있던 생각의 변화와 이를 토대로 한 용기 있는 실천이 따뜻한 사회를 만드는 첫걸음이 되지 않을까. 마지막, 바스키아의 말로 마무리한다.

"I'm not a Black Artist. I am an Artist."

나는 흑인 예술가가 아니다. 나는 예술가이다.

열 번째 이야기

아트 테러리스트,
비극의 장벽을 캔버스로 만들다

"우리 호텔은 세계 최악의 전망을 자랑합니다."

이 호텔의 이름은 '더 월드 오프 호텔(The Walled off Hotel)'이며 우리가 흔히 휴양지에 가서 보는 멋진 '오션뷰'가 아닌 이름조차 생소한 '장벽뷰'를 자랑한다. 호텔의 지배인은 이러한 장벽뷰를 오히려 자랑거리처럼 이야기한다. 지배인의 말처럼 이 호텔은 세계에서 가장 전망이 나쁜 호텔로 명성이 자자하다.

하지만 예약을 시작하자마자 모든 객실이 매진되고 하루 700여 명이 다녀갈 만큼 엄청난 인기를 자랑한다. 또한 유명 호텔 예약 사이트에서 10점 만점 중 9.5점이라는 높은 평점을 자랑하고 있다. 도대체 어떻게 이런 일이 가능할까? 이러한 일이 가능한 이유는 이 호텔을 만든 사람이 아트 테러리스트로 명성이 자자한 그래피티 예술가 뱅크시(Banksy)이기 때문이다.

아트 테러리스트, 뱅크시

그래피티 아티스트이자 영화감독, 자신을 과대평가된 그래피티 아티스트이자 아트 테러리스트로 소개하는 인물. 하지만 그의 정확한 신상을 알고 있는 사람은 아무도 없다고 알려져 있을 만큼 뱅크시는 얼굴 없는 예술가이자 베일에 싸인 인물로 더욱 유명하다.

영국 대영박물관 고대전시실에 원시인이 쇼핑 카트를 밀고 있는 모습을 그린 자신의 작품을 8일 동안 도둑 전시하고, 영국 소더비 경매장에서 자신이 그린 작품이 104만 2천 파운드, 무려 15억에 낙찰되자마자 기계를 작동시켜 그림을 잘라 버린 일화는 예술계뿐만 아니라 대중에게도 커다란 충격을 선사했다. 뱅크시는 이러한 퍼포먼스를 통해 부유한 사람들만 예술을 향유하며 소비하는 세태를 날카롭게 풍자하는 동시에 현대 미술을 대표하는 예술가로 떠올랐다.

그는 이른 새벽이나 늦은 밤 거리를 돌아다니며 도시의 벽에 몰래 그래피티, 즉 벽화를 그리고 가는 것으로 유명하다. 이것이 그가 예술 작품을 창작하는 작업 방식이다. 아무도 모르게 도시의 벽면을 캔버스 삼아 도시의 골칫덩이이자 낙서로 취급받던 그래피티를 예술로 승화시킨 장본인 뱅크시. 사회의 부조리를 유쾌하게 풍자하는 그의 작품은 벽에 그려진 낙서를 넘어 하나의 예술 작품으로 인정받고 있다. 영국 런던에서는 골목 구석구석에 숨겨진 그의 작품을 찾아 나서는 '뱅크시 투어'가 만들어질 정도

뱅크시가 자신의 홈페이지에 공개한 그의 모습

그래피티

그래피티(Grafiti)는 거리의 벽에 스프레이 페인트를 이용하여 그리는 그림을 의미한다. 그래피티의 어원은 '긁다, 긁어서 새기다'라는 뜻의 이탈리아어와 그리스어에서 유래했으며, 스프레이로 그려진 낙서 같은 문자나 그림을 뜻하는 말로 '스프레이캔 아트(spraycan art)'로 불리기도 한다. 유럽에서는 거리의 예술로 자리를 잡았으며 대표적인 그래피티 아티스트로 바스키아, 키스 해링, 뱅크시를 들 수 있다.

로 그는 세계적으로 사랑받는 예술가가 되었다.

사회를 날카롭게 풍자하는 뱅크시의 작품

뱅크시의 그림은 그가 비판했던 미술계에서도 큰 인정을 받아 미술 경매장에서 매우 높은 가격에 낙찰되기도 했고, 그의 그래피티가 그려진 집의 가격이 20배가 상승했다는 언론 보도가 나올 정도로 많은 사람들의 관심을 받기도 했다. 이렇게 미워하고 싶어도 미워할 수 없는 뱅크시 그림의 매력은 도대체 무엇일까?

먼저 〈새해 인사〉란 제목이 붙은 그림을 함께 감상해 보자. 그림의 오른쪽 벽면을 보면 한 아이가 손을 벌리고 즐거운 표정으로 눈을 맞고 있다. 이 아이의 모습은 새해를 맞이한다는 그림의 제목과 어우러지며 행복한 분위기를 자아내고 있다.

하지만 시선을 왼쪽으로 옮기는 순간 충격을 안겨 준다. 행복하게 눈을 맞는 소년이 그려진 담벼락 바로 옆에는 쓰레기통 안에 불이 붙어 시커먼 연기와 재를 내뿜고 있는 장면이 그려져 있다. 소년이 행복하게 맞고 있던 것은 눈이 아니라 쓰레기를 태우면서 만들어지는 재와 검은 연기였던 것이다. 이러한 충격적인 반전은 날카롭게 사회를 비판하는 뱅크시의 대표적인 풍자 방식이다. 뱅크시는 반전을 통해 어떠한 메시지보다 강력하게 사회를 비판하는 자신의 목소리를 전달한다.

또한 이 그림이 그려진 곳은 영국에서 가장 큰 철강 공장이 있는 웨일스에 위치한 포트탤벗(Port Talbot)이라는 도시로, 철강 공장에서 발생하는

뱅크시, 〈새해 인사〉, 2018, 포트탤벗

매연과 미세 먼지로 인해 주민들이 고통을 받는 지역이다. 도시 담벼락에 그려지는 그래피티 아트의 특징을 활용해 그림의 주제와 딱 맞는 장소를 선택한 뱅크시의 안목 또한 돋보인다. 작가의 메시지와 그림, 그림이 그려진 장소에 담긴 지리적 배경이 하모니를 이루며 우리에게 더 큰 울림을 주고 있다.

장소로 인해 그림이 주는 메시지가 더욱 강력하게 전달되는 작품을 하나 더 감상해 보자. 바로 뱅크시의 〈꽃을 던지는 사람〉이다. 〈꽃을 던지는 사람〉에 등장하는 남자는 두건을 쓰고 있고, 무언가를 노려보는 것 같은 눈빛은 매우 날카롭다. 검은 옷을 입은 채 어딘가를 향해 무언가를 던질 준비를 하고 있으며 그의 역동적인 자세와 긴장한 표정에서 불안감이 느

뱅크시, 〈꽃을 던지는 사람〉, 2003, 베들레헴

껴진다. 위험한 것을 던질 것만 같은 그 순간! 남자의 손에 들려진 것은…. 위험하고 무서운 폭탄이 아닌, 아름답고 선명한 색을 뽐내는 꽃다발이었다.

그림을 감상하며 잔뜩 긴장하다가도 이 꽃다발을 보면 우리는 뱅크시의 탁월한 재치와 창의적인 아이디어에 웃음 지을 수밖에 없다. 뱅크시는 긴장감 넘치는 순간에 유머러스한 반전을 선사하면서 그림을 감상하는 우리에게 폭력과 평화에 대한 물음을 던진다.

그가 이 작품을 완성한 장소는 우리에게 또 다른 충격을 선사한다. 이 그림은 50년 넘게 이어지고 있는 비극적인 분쟁으로 인해 8m가 넘는 거대한 분리 장벽이 세워진 팔레스타인 베들레헴에 그려져 있다.

국경 장벽과 이스라엘-팔레스타인 분쟁

이 글을 읽는 독자들은 베들레헴이라는 도시에 대해 한 번쯤은 들어봤을 것이다. 베들레헴은 예수의 탄생지이자 크리스트교의 대표적인 성지로 널리 알려진 도시이다. 이 도시는 1967년 이스라엘이 점령했다가 1995년 12월 팔레스타인으로 반환되어 현재 팔레스타인 영토인 요르단 서안지구에 위치해 있다.

베들레헴에는 뒤에 제시된 사진과 같은 분리 장벽이 건설되어 있다. 분리 장벽은 이스라엘 정부가 팔레스타인 무장 단체들의 테러 공격 차단을 명분으로 2002년 2월부터 요르단강 서안에 건설 중인 장벽으로, 8m 높이의 견고한 콘크리트 담으로 이루어져 있으며 콘크리트 장벽 외에도 70~80m의 철조망과 전기감지기, 2차선 순찰도로가 함께 만들어져 있다. 예수가 태어난 평화의 도시에 왜 이렇게 무시무시한 장벽이 만들어졌을까? 베들레헴의 아픔을 이해하기 위해서는 50년 넘게 이어진 이스라엘과 팔레스타인 분쟁에 대해 알아야 한다.

이스라엘과 팔레스타인 분쟁은 제2차 세계대전 이후 성서의 기록을 근거로 과거 유대인들이 살았던 곳에 유대인의 나라를 건설하자는 '시온주의 운동'에 따라 유대인들이 팔레스타인 지역에 대한 권리를 주장하며 이스라엘을 건국한 데서 비롯된다. 문제는 이러한 운동이 일어날 당시 팔레

분리 장벽의 모습

스타인 지역에는 이미 팔레스타인 사람들이 살고 있었다는 점이다.

이뿐만 아니라 영국이 유대인들과 아랍인들에게 이중으로 한 약속도 분쟁을 더욱 악화시켰다. 1917년 영국 외무장관 밸푸어는 영국이 1차 세계대전에서 승리할 수 있도록 유대인들이 지원해 준다면 전쟁이 끝난 후에 유대인들이 팔레스타인 땅에 국가를 건설할 수 있도록 도와주겠다는 '밸푸어 선언'을 약속했다. 하지만 이 약속은 1년 전 영국이 제1차 세계대전 이후 팔레스타인인들에게 독립 국가 건설을 약속한 '맥마흔 선언'과 완전히 반대되는 내용이었다.

정리하자면 영국은 이중으로 팔레스타인 땅에서의 독립 국가 건설을 약속한 것이다. 이후 팔레스타인 땅을 사이에 둔 팔레스타인인들과 유대인들의 대립은 4차에 걸친 중동전쟁으로 더욱 격화되었고, 치열한 전쟁은 결국 유대인들의 승리로 끝났다. 하지만 팔레스타인인들은 PLO(팔레스타인해방기구), 하마스와 같은 정치 단체를 결성하여 전면전이 아닌 테러의 형태로 계속 저항하고 있으며, 이스라엘의 유대인들은 이러한 테러 행위를 방지한다는 명분으로 거대한 분리 장벽을 건설하며 갈등이 더욱 깊어지고 있다.

이스라엘-팔레스타인 분리 장벽에 그려진 뱅크시의 작품

앞에서 언급한 이스라엘과 팔레스타인의 갈등은 중동 지역을 넘어 전 세계가 주목하는 분쟁 중 하나이다. 베들레헴에서는 여전히 산발적인 충돌로 인한 민간인 희생자들이 생기고 있고, 분리 장벽으로 인해 서로 간의 불신과 갈등이 더욱 증폭되고 있다. 뱅크시의 그림은 이러한 공간에 그려졌기 때문에 더욱 특별한 의미를 가진다. 그렇다면 지금부터 베들레헴에 그려진 뱅크시의 작품들을 더 만나러 가보자.

〈무장한 평화의 비둘기〉라는 그림을 보면 먼저 평화의 상징인 비둘기가 우리의 눈을 사로잡는다. 푸른 잎사귀를 문 이 비둘기는 평화의 메시지를 전달해 주는 천사와도 같아 보인다. 옆에 아름다운 글씨체로 기록된 "Welcome to Palestine, Welcome to Bethlehem"이라는 문구는 아기 예수가 태어난 베들레헴의 평화적 이미지를 더욱 돋보이게 만든다.

하지만 시선을 조금만 더 밑으로 두면 비둘기가 방탄조끼를 입고 있는 모습이 보인다. 심지어 방탄조끼 위에는 누군가가 총을 겨누고 있는 듯한 표시가 그려져 있다. 이것은 비둘기의 심장을 겨냥하고 있어 상당히 위

뱅크시, 〈무장한 평화의 비둘기〉, 2007, 베들레헴 분리 장벽

협적으로 보인다. 이러한 상황에서 멋진 글씨체로 기록된 "Welcome to Palestine, Welcome to Bethlehem"이라는 문구는 이 지역의 비극적인 상황을 더욱 역설적으로 보여 준다. 뱅크시의 그림에 담긴 메시지가 그림이 그려진 장소와 어우러지면서 백 마디 말로도 설명할 수 없는 팔레스타인 지역의 비극과 현실을 강렬하게 전해 주고 있다.

다음에 제시된 그림 속 소년은 페인트와 붓을 들고 있다. 소년은 장벽에 그림을 그리러 온 것 같다. 과연 어떤 그림을 그렸을까? 붓을 쥔 소년의 뒤에는 평화롭게 구름이 떠다니는 푸른 하늘이 그려져 있다. 소년은 뚫리지 않는 높고 견고한 장벽에 균열을 내어 거대한 구멍을 만들고, 장벽 너머에 존재하는 푸르고 평화로운 하늘을 그려 낸 것이다.

뱅크시, 2005, 팔레스타인 베들레헴 분리 장벽

장벽에 막혀 보이지 않는 건너편의 하늘을 그려 내다니! 뱅크시의 재치와 뛰어난 메시지 전달 능력에 절로 감탄이 나온다. 이 그림만큼 분리 장벽으로 인한 고통과 아이들의 상처, 그리고 평화에 대한 열망을 전달할 수 있는 그림이 있을까? 뱅크시는 자신의 웹사이트에서 이 분리 장벽이 팔레스타인을 세계에서 가장 큰 공개 감옥으로 만드는 동시에 그래피티 작가들을 위한 궁극적인 휴가의 목적지라고 설명하며 특유의 유머 감각을 활용한 촌철살인의 메시지를 전달했다.

벽에 가로막힌 호텔

뱅크시는 거대한 분리 장벽에 메시지를 담은 그림을 그려 넣는 것뿐만 아니라 전 세계 사람들이 이 비극적인 장소에서 벌어지고 있는 참담한 현실을 알기 원했다. 그래서 세계에서 가장 전망이 나쁜 호텔인 '더 월드 오프 호텔(The Walled off Hotel)'을 만들기로 결심한다.

좁은 골목 장벽의 바로 앞에 자리 잡은 이 호텔은 하루에 해가 드는 시간이 30분도 되지 않으며, 객실 밖으로는 거대한 장벽만 보인다. 이렇게만 보면 여행객들에게 달콤한 휴식을 제공하는 다른 호텔과는 확연한 차이가 있다. 장벽에 가로막힌 호텔이라는 뜻을 가진 더 월드 오프 호텔은 뱅크시만이 할 수 있는 방법으로 이스라엘과 팔레스타인의 분쟁의 아픔을 전달하고 있다. 호텔 객실 안 다양한 예술 작품과 공간 디자인 또한 이스라엘의 행동을 풍자하고 있다.

뒤에 나오는 사진은 더 월드 오프 호텔의 레스토랑인 피아노바(Piano Bar)의 모습이다. 벽에 그려진 천사들은 시위로 인한 최루탄이나 연기를 막기 위해 산소마스크를 쓰고 있다. 천사들의 입에 산소마스크라니! 그림 하나로 이 지역에서 벌어지고 있는 비극적인 일상을 생생하게 보여 주는 뱅크시의 창의성에 감탄이 나온다.

이뿐만이 아니다. 벽을 자세히 보면 유럽 귀족들이 자신이 사냥한 사슴을 기념으로 전시하는 것처럼 CCTV가 벽에 진열되어 있다. 그리고

호텔 전망

호텔 입구

피아노바

피아노바에 있는 그림과 소품

CCTV 밑에는 커다란 망치와 새총이 진열되어 있다. 이렇게 어울리지 않는 소품을 장식품처럼 진열해 놓은 뱅크시의 재치를 통해 오히려 이 레스토랑에 들어온 사람들은 이 지역의 비극을 더욱 생생하게 체험할 수 있다. 또한 벽에 걸려 있는 그림 하나하나가 이 지역에서 벌어지고 있는 갈등을 고스란히 보여 준다.

피아노바에 걸린 그림을 보면 왼쪽과 오른쪽의 풍경이 대비되어 나타난다. 왼쪽은 따뜻한 느낌이 드는 반면 오른쪽은 전원주택을 파괴하고 있는 차가운 회색빛의 커다란 불도저가 그려져 있다는 점에 눈길이 간다. 그 옆에는 불도저를 피하기 위해 황급히 아이의 손을 잡고 있는 여성이 있다. 이러한 모습은 평화로운 일상을 파괴하며 세워진 팔레스타인의 분리 장벽을 떠올리게 한다. 그림 옆 다비드상과 비슷한 고전적인 스타일의 조각상은 마스크를 쓰고 있으며 그 주위는 최루탄 연기가 장식처럼 둘러싸여 있다. 고전적인 스타일로 현재를 그려낸 뱅크시의 풍자가 돋보인다.

이번에는 더 월드 오프 호텔의 '뱅크시의 방'이라는 이름을 가진 객실에 그려진 뱅크시의 작품을 보도록 하자. 큰 벽에서 두 남성이 베개 싸움을 하고 있다. 유머러스한 그림인 것처럼 보이지만 두 남성을 천천히 들여다보면 이 그림의 진정한 의미가 보일 것이다. 한 남성은 큰 헬멧과 군복을 입고 있어 군인처럼 보이고, 다른 남성은 얼굴에 두건을 두르고 일상복을 입고 있는 것으로 보아 시위를 하는 사람으로 보인다. 그리고 이 그림이 그려진 곳은 베들레헴의 호텔이다.

모든 상황을 종합해 보면 남자들은 이 지역에서 시위를 벌이고 있는 팔레스타인 사람과 이들을 진압하고자 투입된 이스라엘의 군인으로 유추할

피아노바에 걸린 그림

피아노바에 전시된 조각

뱅크시의 방 벽화

수 있다. 치열하고 많은 인명 피해가 발생하고 있는 상황을 베개 싸움으로 치환하여 묘사한 뱅크시의 솜씨에 놀랄 수밖에 없다.

장소에 따라 의미가 달라지는 그래피티 아트

뱅크시의 그림은 그래피티 아트, 즉 미술관이 아닌 우리가 살아가는 일상 속 공간에 그려진다는 점에서 특별한 의미가 있다. 그리고 그의 그림은 그려진 공간에 따라 그 의미가 달라지기도, 더 많은 비판을 받기도 한다.

베들레헴에 지어진 더 월드 오프 호텔과 그 안의 예술 작품들은 예술성뿐만 아니라 위치한 장소로 인해 더욱더 많은 의미를 던져 준다. 이 호텔은 팔레스타인들이 겪는 비극을 판매하는 '전쟁 관광'을 하고 있다는 비판을 받기도 한다. 하지만 뱅크시의 이러한 신선한 시도가 팔레스타인 지역에 대한 세계의 관심을 이끌어 냈으며, 이스라엘과 팔레스타인의 분쟁으로 피해를 입고 상처받은 지역 주민들의 현실을 알리고 세계의 경각심을 불러일으켰다는 사실은 부인할 수 없다.

공간과 장소라는 관점으로 세상을 바라보는 지리학의 입장에서 장소에 따라 다른 의미가 형성되고 자유롭게 변형되는 뱅크시의 그림과 거리에 자유롭게 그려지는 그래피티 아트는 흥미로운 주제가 아닐 수 없다.

미술관이라는 장소로 인해 새로운 의미가 부여되고 가치가 형성되는 예술 작품이 인정받듯이, 우리가 평소에 살아가는 익숙하고 평범한 장소를 다르게 보고 해석하게 만드는 그래피티 아트 또한 예술로 인정할 수 있지 않을까? 마지막으로 더 월드 오프 호텔의 홈페이지에 기재된 "Painting the wall – Is it legal?" 이란 질문에 대한 답변으로 이 글을 마무리 하고자 한다.

"It's not 'not' legal.

The wall itself remains illegal under international law"

벽에 그림을 그리는 행위 자체는 불법이 아닙니다.

그 장벽 자체가 국제법상 불법이죠.

5장 그림에 담긴 한양 이야기

열한 번째 이야기

진경시대의 탄생

임진왜란 이후 성리학의 정신이 현안에 답을 주지 못하자 숙종(1674~1720)부터 정조(1776~1800) 시기 새로운 학문과 사상에 대한 갈구가 강해졌다. 오랑캐라고 업신여겼던 여진족이 명나라 멸망 이후 청나라를 개국하여 중국 본토의 새로운 주인이 되었다. 이에 조선에서는 새로운 시대의 주인공인 청나라에 대한 인식이 달라졌고, 청나라를 통해 들어오는 새로운 문물 수용에 적극적인 북학파가 탄생하게 되었다.

또한 조선이 세계문화의 종주국이라는 자존의식이 팽배하던 시기로 풍속과 산천, 사람까지도 우리 것이 기준이 되어야 한다는 의식이 퍼졌다. 이에 따라 문학에서도 진경시문학(眞景詩文學)이 발전했고, 그림도 진경산수화와 풍속화가 일세를 휩쓸었다. 진경산수화(眞景山水畵)는 우리 국토의 자연환경을 소재로 해 그 아름다움을 있는 그대로 사생해 낸 그림을 말한다. 이 시기를 '진경시대(眞景時代)'라고도 한다.

조선 후기의 대표적인 실학자이며 시인이자 과학자인 정약용(丁若鏞, 1762~1836)의 저술을 총정리한 문집 『여유당전서(與猶堂全書)』에는 카메라 옵스큐라를 '칠실파려안(漆室玻瓈眼)'이라 부르고, 칠실관화설(漆室觀火說)이라는 개념을 통해 그 원리를 실험하고 연구한 기록이 있다. 여기에서 '칠실'은 어두운 방, '파려'는 유리, '안'은 캄캄한 방에서 유리 렌즈를 통해서 본다는 뜻으로, 카메라 옵스큐라를 우리식으로 해석하여 한자로 표현한 말이다. 조선 정조 시절 정약용의 연구 기록과 김홍도와 쌍벽을 이루었던 궁중 화원 이명기의 초상화 기법을 통해 조선 후기 미술에서 카메라 옵스큐라 기법이 활용되었다는 연구가 있다(이태호, 2005).

순조 30년(1830) 이전에 도화서 화원들이 그린 것으로 추정되는 창덕궁과 창경궁을 그린 〈동궐도(東闕圖)〉도 카메라 옵스큐라의 원리와 진경산

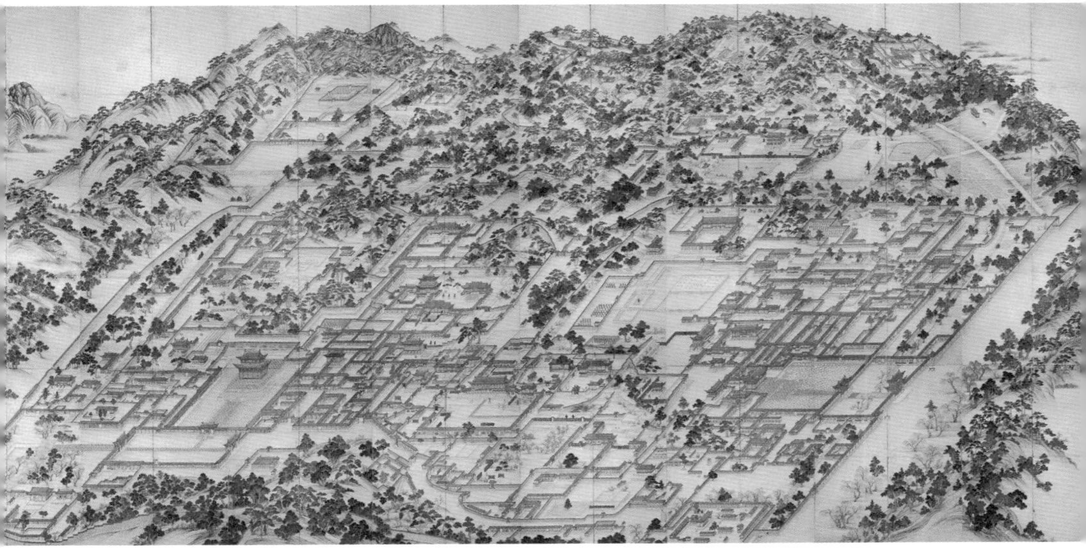

〈동궐도〉, 1826~1830, 고려대학교

수를 반영하고 있다. 배경이 되는 산과 언덕에 대한 묘사는 중국 남종화의 준법을 따르고 있으나, 건물의 표현과 원근 처리는 서양화 기법의 영향을 받은 듯하다. 산과 언덕에 둘러싸인 두 궁의 전각과 다리, 담장은 물론 연꽃과 괴석, 조경까지 실제와 같은 모습으로 선명하고 세밀하게 묘사하여 실제의 궁궐을 카메라에 담은 듯이 그렸다.

이 시기 사실을 직시하려고 했던 시대정신은 조선의 자연을 그대로 화폭에 그려 내는 진경산수화를 낳았다. 당시 많은 진경산수화가 중에서도 으뜸은 정선(鄭歚, 1676~1759)이었다. 5장에서는 정선이 거주했다고 알려진 경복고등학교를 중심으로 정선이 남긴 그림의 장소와 그 역사성을 찾아보고자 한다. 역사성을 지닌 장소의 특성, 즉 역사 자본은 오랜 시간 사람들에게 잊히지 않아야 하고, 그 전통이 사람들에게 중요한 것으로 인정되어야만 얻을 수 있는 자본이다. 내가 얻고 싶다고 해서 얻을 수 있는 것이 아니라 오래 묵고, 많은 사람들이 계속 이야기하고 사랑해야만 얻을 수 있는 것이다.

또한 역사성을 증명하기 위해서는 객관적 사료들이 있어야 한다. 이번 장에서 다루고 있는 서울의 서촌은 경복궁의 서쪽 지역으로 『조선왕조실록』, 『승정원일기』와 같은 정식 기록문서뿐만 아니라 개인이 저술한 책에서도 많이 언급되는 곳이다. 특히 서촌은 정선이 태어나 여러 사람들과 교류하고 생활했던 곳이다. 조선의 개국과 함께 오랜 역사를 지닌 곳이자 여전히 사람들이 삶을 살아가고 있는 곳이다. 그래서 서촌이 다양한 이야기를 상상할 수 있는 매력적인 장소인 것이다.

열두 번째 이야기

서울의 돌산과 흙산

정선의 〈인왕제색도(仁王霽色圖)〉는 비가 온 뒤 안개가 걷히기 시작한 거대한 바위산을 표현한 그림으로 먹물을 머금은 먹색이 검은 바위산과 안개가 걷히는 장면을 사실감 있게 보여 준다. 사진은 2020년 며칠간 장맛비가 온 뒤 경복고등학교 교정에서 인왕산을 찍은 것이다. 정선의 〈인왕제색도〉의 진하고 검은 먹색으로 칠해진 바위산 부분과 사진의 검은 부분을 비교해 보면 물먹은 화강암 돌산의 장관을 볼 수 있다. 또한 당시 검초록의 바위에서 하얀 물줄기가 쏟아져 내리는 모습은 신비하고 시원한 느낌을 준다. 아마 정선도 이러한 감흥을 〈인왕제색도〉에 담고자 한 것으로 보인다.

〈인왕제색도〉는 최근에 '이건희 컬렉션' 중 손꼽히는 작품으로 또 한 번 유명세를 탔다. 이 그림은 정황, 심환지, 손재형을 거쳐 이건희 소유가 되었다가 최근 국가 소유가 된 그림이다. 역사적으로 정선의 그림을 누가 소유했는가도 세간의 관심거리였지만, 그림을 그리게 된 배경과 그림 속 기와집은 누구의 집인가에 대해서도 의견이 분분하다.

미술사학자 고유섭은 노론의 영수로서 영의정을 지낸 심환지(沈煥之, 1730~1802)가 쓴 〈인왕제색도〉 제발 "삼각산 봄 구름이 비를 보내 멈춘 뒤 푸르게 적신 만 그루 소나무 그윽한 집 둘렀네. 주인장 노인은 정녕 깊은 휘장 아래 있으리니 홀로 앉아 하도(河圖)와 낙서(洛書)를 매만지겠네."에서 이 작품의 주인이 심환지인 근거를 찾았다. 후에 심환지의 후손이 제사를 지낼 때 〈인왕제색도〉를 걸어두고 추모했다는 내용을 밝히기도 했다.

심환지는 정치적 영향력이 강했던 당시 사회상을 반영하듯 정선의 그

정선, 〈인왕제색도〉, 1751, 리움미술관

인왕산

림첩인 《경교명승첩》의 소장자이기도 했다. 심환지의 제발 중 "주인장 노인은 홀로 앉아서 하도와 낙서(주역)를 매만지겠네"는 주역에 능통한 누군가를 말하고 있는데, 정선은 주역에 능통하여 실제로 말년에 주역을 연구해 책을 썼다. 심환지가 이 집을 정선의 집으로 알고 있었기 때문에 이런 제발을 썼다고 볼 수 있다.

미술사학자 최완수는 그림이 그려진 날짜에 주목하여 윤5월 29일에 세상을 떠난 이병연을 위한 그림으로 보았다. 절친한 친구가 임종을 앞두자, 쾌유를 비는 마음으로 함께 거닐던 북악산에 올라 그의 집을 바라보며 그린 그림이라는 것이다. 현재 최완수의 주장이 여러 가지 설 중에서는 가장 유력하다.

이병연과 정선을 두고 당시 사람들은 "시중유화 화중유시(詩中有畵 畵中

有詩)", 즉 시 속에 그림이 있고 그림 속에 시가 있다며 둘이 예술적으로 교감했다고 말한다. 그림 속의 집이 심환지 혹은 이병연의 집일 수도 있다. 그것을 증명할 길은 없지만, 인왕산은 경복궁의 서쪽에 있으며 남향인 곳으로 풍수지리적으로 양명한 땅임에는 틀림이 없다. 인왕산은 '왕기가 서려 있다' 하여 안평대군의 집이 있었고, 영조가 왕자 시절에 살았던 곳이기도 했고, 세종이 태어난 동네이기도 했다.

인왕산 동쪽 자락으로 조선왕조의 정궁인 경복궁을 바라보는 장동(현재 서촌 일대)은 중생대에 형성된 화강암 지대로 화강암이 풍화되어 형성되는 사질토양으로 이루어져 있다. 이로 인해 비가 많이 와도 물 빠짐이 좋기 때문에 수해를 입는 경우가 드물어 사람이 살기에 좋은 곳이다. 이런 장소는 물리적 환경상 거주지로 적합한 곳이고, 문화·정치적 환경상으로는 경복궁을 옆에 두고 있기에 정치적으로 큰 인물들이 살기에도 적합한 곳이다. 이곳은 안동 김씨의 주거지였기 때문에 이 동네 김상헌 형제의 후손들을 장동 김씨라고 일컫기도 했다. 〈인왕제색도〉의 배경이 되는 동네는 항상 역사적 현장과 매우 밀접한 곳이었다.

〈장안연우(長安燃雨)〉는 인왕산 기슭(현 청운동 일대)에서 장동과 함께 안개가 낮게 드리운 남산과 멀리 관악산이 모두 보이는 날의 경치를 그린 것이다. 남산은 북악산이나 인왕산과 달리 흙으로 이루어진 토산이다. 고생대 이전에 형성된 암석이 중생대 화강암의 관입으로 성질이 변해 생긴 편암 또는 편마암이 주를 이루는 산이다. 정선의 그림에서 북악산이나 인왕산을 바위산으로 표현했다면, 남산은 짙은 색으로 산림이 우거진 것을 표현하고 있다. 애국가의 '남산 위에 저 소나무'는 관념적인 표현이 아니라

정선, 〈장안연우〉, 1741, 간송미술관

실제의 모습을 표현한 것이다. 실제로 구한말 남산에는 수령이 900년 넘는 소나무들이 많았고, 꼭대기 봉화대에는 여러 그루의 소나무가 상징처럼 남아 있었다.

남산은 풍화(風化)가 심하고 토심(土深)이 깊은 미립질(微粒質) 흙으로 구성된 땅이라 물을 잘 머금는 성질이 있다. 그래서 비가 많이 올 경우 산사태가 날 확률이 높고 땅이 질퍽질퍽하다. 특히 남산의 북사면은 태양을 등지고 있는 곳으로 일사량이 많지 않아 풍수지리상으로 보아도 음지에 해당한다. 이런 장소는 주거지로 가장 나중에 선택되거나, 상황이 열악한 사람들이 거주하는 경우가 많다.

어느 날 남산을 오르다가 성곽 여장이 인왕산과 다르다는 것을 발견했

인왕산의 성곽(화강암)

남산의 성곽(편마암)

다. 인왕산에 축성된 성곽은 오랜 세월 동안 풍화된 암석과 최근 복원된 암석이 공존해 있어서 색깔과 형태가 다르다. 남산의 성곽 여장은 최근에 시멘트로 복원한 것처럼 보이지만, 조선시대 성곽 공사를 할 때부터 주변의 자연환경을 활용하여 축성한 성곽이다. 이러한 성곽 축조에 사용된 암석의 차이가 두 산의 지질이 다른 것을 증명한다.

조선시대 남산은 장안의 가장 남쪽 가장자리로 서울과 경기도를 가르는 기준이 되는 곳이자 중앙 정치에 들어간 적이 없거나 정계에서 한발 물러선 샌님이 살던 곳이었다. 이 사람들을 '남산골 딸깍발이'라고 한다. 남산골 샌님은 땅이 질거나 마르거나 나막신을 신고 다녔으며, 마른 날 나막신의 굽이 굳은 땅과 부딪쳐 '딸깍 딸깍' 소리가 났기 때문이다. 남산골 샌님이 가난해서 나막신만 신어야 했을 수도 있지만, 이 지역은 땅이 질어서 항상 나막신을 신고 살아야 하는 동네이기도 했다.

남산 주변에 '진고개(泥峴)'라는 지명이 있다. 땅이 질어서 질퍽한 언덕을 말하는 것이다. 조선시대에는 권세 없고 돈 없는 샌님들이나 살았던 진고개가 일제강점기 일본인들의 주거지로 바뀌면서 문화의 중심지로 변하기 시작한다. 1876년 강화도 조약이 체결된 이후, 일본인들이 진고개에 자리를 잡고 살았다는 것은 1901년 신문기사를 통해서도 알 수 있다.

> 작일에 진고개 일본 거류민들이 회동하여 일본 황태손 탄생한 경사를 축하했다더라.
>
> —『제국신문』, 1901.5.6

1910년 한일 합방 이후 진고개는 일본인들의 정치, 경제, 문화의 중심지로 성장했으며, 신도시의 면모를 갖춘 화려한 번영의 길로 들어섰다. 그런데 일본인들은 왜 하필 남산 일대를 주요 거점으로 삼았던 것일까?

당시 일본군 사령부와 통감부가 현재 용산 근처에 자리하고 있어 일본인들의 배후를 든든히 할 수 있었기 때문이다. 또한 이주해 온 일본인들은 대부분 중산층 이하였고, 돈을 벌기 위해 온 경우가 많았다. 당시 청계천

본정 입구(현재 명동)(출처: 서울역사박물관)

한국은행 광장(출처: 서울역사박물관)

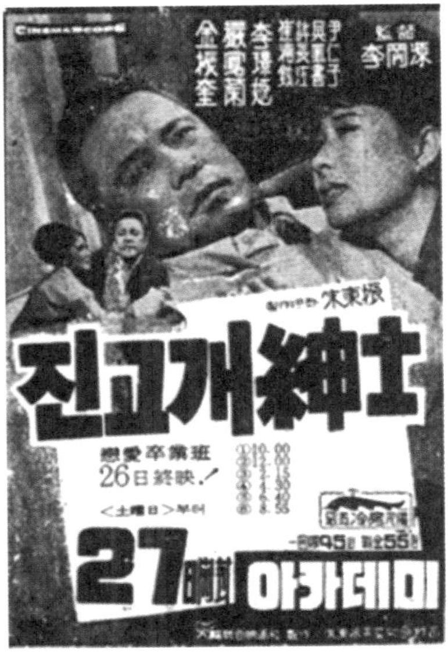

진고개 관련 기사(『매일신보』, 1932.12.2)　〈진고개 신사〉 포스터

을 기준으로 북쪽 지역은 오랜 세월 조선의 권력가들을 비롯한 조선인들의 주거지였다. 그런 북촌 지역의 땅값은 매우 비쌌기 때문에 상대적으로 값싼 남산 일대가 일본인들이 점유하기에 적당한 곳이었다.

일제강점기를 거치면서 일본 거주지를 중심으로 한 상가는 매년 번영했고, 조선인들도 새로운 물건과 문화생활을 즐기기 위해서는 진고개로 가야만 했다. 이로 인해 서울의 문화와 경제 중심지가 종로가 아닌 명동 일대로 바뀌게 되었다. 명동 일대는 각종 은행, 우편국(우체국), 백화점 등이 즐비한 금융과 상업문화의 중심지가 되었다.

또한 최희준이 불러서 유명한 '진고개 신사'는 영화로 만들어져 큰 인기를 얻게 된다. 진고개에는 점점 근대문화의 선봉자였던 모던보이와 모던

걸들이 모였고, 지금도 매년 공시지가가 나올 때마다 서울에서 가장 비싼 땅값을 자랑하는 곳이다. 일제강점기 때 형성된 남산 일대의 경제·문화의 중심성은 지금까지도 진행 중이다.

유란동 계곡에 서린 권력의 장소

영·정조 때 제작된 〈도성대지도(都城大地圖)〉와 〈한양도성도(漢陽都城圖)〉를 보면 서촌의 자연 지형을 상세하게 알 수 있다. 이 두 지도는 조선 후기에 만들어진 회화식 서울 지도로, 마치 산수화처럼 지형을 표현하면서 지명과 건축물의 이름까지 상세하게 기록하고 있어 과거 지역 정보의 전달에 매우 유용하다. 두 지도를 교차로 보면 더욱 많은 정보를 확인할 수 있다.

〈도성대지도〉의 빨간색 타원형 점선 부분은 유란동 계곡에 해당하며, 〈한양도성도〉에도 유란동과 청송당이 표현되어 현재 위치를 가늠하기에 충분하다. 〈도성대지도〉와 〈한양도성도〉에서 북악산 서쪽 측면에서 시작하여 백운동천으로 합류하여 내려오는 작은 물길과 육상궁 근처에서 시작하여 역시 백운동천으로 합류하는 물길이 보인다. 위쪽의 물길은 유란동을 만드는 물길로 현재 경기상업고등학교와 경복고등학교의 경계를 이루는 물길이다. 만리뢰로 추정되는 아래쪽 짧은 물길은 현재 궁정동과 청운동을 나누는 역할을 한다.

유란동 계곡 깊숙한 곳에 청송당(聽松堂)이 있었다. 유란동은 계곡이 깊은 땅이란 뜻으로 이곳의 주인은 성혼의 아버지, 성수침(成守琛, 1493~1564)이다. 이들은 성혼의 할아버지 성세순 때부터 이곳에 자리를 잡았다. 성수침은 조광조의 수제자로 1519년(중종 14년) 현량과에 천거되어 벼슬길에 올랐지만, 기묘사화가 일어나자 관직을 버리고 청송당이라 이름 붙인 집

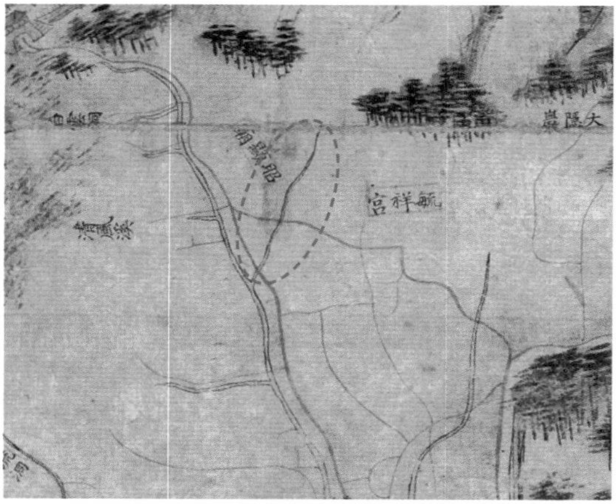

〈도성대지도〉, 18세기, 서울역사박물관

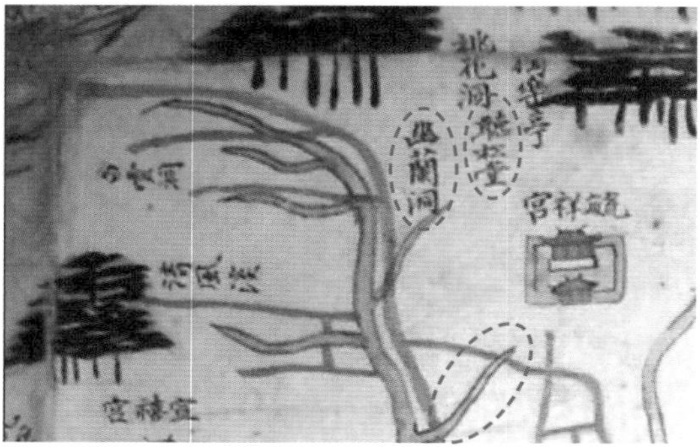

〈한양도성도〉, 18세기, 리움박물관

에 은둔한 채 세상을 멀리하고 경서(經書) 연구에만 전념했다. 『조선왕조실록』 명종 18년 12월 26일에 다음과 같이 기록하고 있다.

> 기묘년(己卯年) 간에 조정에서 지치(至治)를 일으킬 무렵 상종하던 선비 중에 명성이 너무 큰 자가 있어 수침이 유독 그를 먼저 우려했다. 명류(名流)들의 화가 발생하자 그는 세상과 더불어 같이 살아갈 수 없음을 스스로 헤아리고 드디어 과업(科業)을 버리고 **백악산(白嶽山) 아래 집 뒤에 두어 칸 집을 짓고 청송당(聽松堂)이란 현판을 달고**는 문을 닫고 출입도 하지 않고 혼자 그 속에 앉아서 날마다 성인(聖人)의 교훈을 외우며 태극도(太極圖)에서부터 정주서(程朱書)에 이르기까지 손수 다 베껴가면서 의리를 탐구하되 속(俗)된 생각으로 마음을 쓰지 않았다.

성혼이 지은 성세순 행장에는 "백악산 아래 집을 정했는데 숲이 깊고 땅이 외져 자못 산수의 멋이 있었다. 공부를 마치면 지팡이를 들고 신발을 끌며 왕래했다."라고 기록하고 있다. 또한 임억령은 『청송당기』에 "낮은 담을 두르고 소나무, 잣나무, 단풍나무, 대나무, 매화나무, 국화, 두충 등을 심어 놓았다. 담 밑에 구멍을 내어 산속의 샘과 통하게 하고 앞뒤에서 굽이 돌아 버드나무가 있는 개울로 흘러들게 했다. 그 위에 다리를 놓아 청송당으로 가는 사람들이 건너다닐 수 있게 했다."라고 기록했는데, 이것을 통해 청송당의 주변 환경을 짐작해 볼 수 있다.

성수침이 중앙 정계에서 밀려나면서 그의 집터는 폐허가 되어 다른 사람의 소유가 되었으나, 그의 후손과 송시열 등에 의해 중건되면서 이이와

정선, 〈청송당〉, 1751, 간송미술관

청송당 일대(청운중학교)

성혼의 학풍을 계승한 학자들의 성지로 인식되었다.

정선의 〈청송당〉을 보면 북악산을 오른쪽에 두고 낮은 언덕에서 내려오는 계곡에 청송당이 있다. 사진은 청송당 그림의 위치를 가늠해 보기 위해서 청운중학교 후원과 경기상업고등학교 경계면에서 북악산을 오른쪽에 놓고 찍은 사진이다. 지금은 "청송당유지(聽松堂遺址)"라고 각자된 돌이 경기상업고등학교와 청운중학교 담장을 끼고 남아 있을 뿐이다.

정선의 〈청송당〉과 현재의 지형적인 면을 고려해 볼 때, 청송당은 현재 청운중학교 서쪽 깊숙이 "청송당(聽松堂)" 현판을 걸어 놓고 야외 활동 터로 조성해 놓은 곳일 가능성이 높다. 청송당 주변 경기상업고등학교와 청운중학교 담장 쪽 시멘트 포장이 되어있는 곳이 그림 속의 계곡물이 흘러가는 곳이다. 물길의 동쪽 언덕의 청운중학교 후원 일대를 청송당으로 봐도 무방할 듯하다. 조선시대 청송당에 대한 기록은 성수침과 관련된 기록 외에는 별로 없다. 이후 기록은 일제강점기 근대 신문에서 찾을 수 있다.

> 겸재가 그린 청송당 그림이 있으니 청송당에 옆 큰 바위에 "청송당유지(聽松堂遺址)"의 5자를 새기었고, 또 그 그림 중에 그린 작은 계곡도 지금까지 오히려 흔적이 잔존하며, 작은 계곡 폭포 부근 바위에는 "유란동(幽蘭洞)" 3자가 새기어 있는바 오늘날도 백악의 송림을 산보하는 손님들로 하여금 당시 청송당의 고풍을 생각하게 한다.
>
> –『조선일보』, 1935.10.4

기사 내용에 따르면 1930년대까지만 해도 바위에 "유란동(幽蘭洞)"이란 글자가 있었던 것인데 현재는 경기상업고등학교와 청운중학교, 경복고등학교 개발로 바위 각자의 정확한 위치를 짐작하기 어렵다.

성수침 이후에 청송당 일대가 국가 소유의 산림이 되었다가 1884년 갑오개혁으로 궁내부 소속 농상아문의 농상소(農桑所)가 설치되면서 다시 세간의 관심지역으로 드러나게 되었다. 1884년 보빙사의 일원으로 통역을 맡았던 최경석은 미국에서 농기구와 종자를 가져와 농무목축시험장을 개설하고 관리관으로 임명되었다. 1886년 그의 사망으로 일시 중지되었다가 1887년 영국인 자프레, 1896년 프랑스인 쇼트가 뒤를 이어 목양교사로 임명되었다.

농상소로 사용되던 당시 청송당 일대(출처: 강홍빈, 2010)

북악산이 보이는 경복고등학교

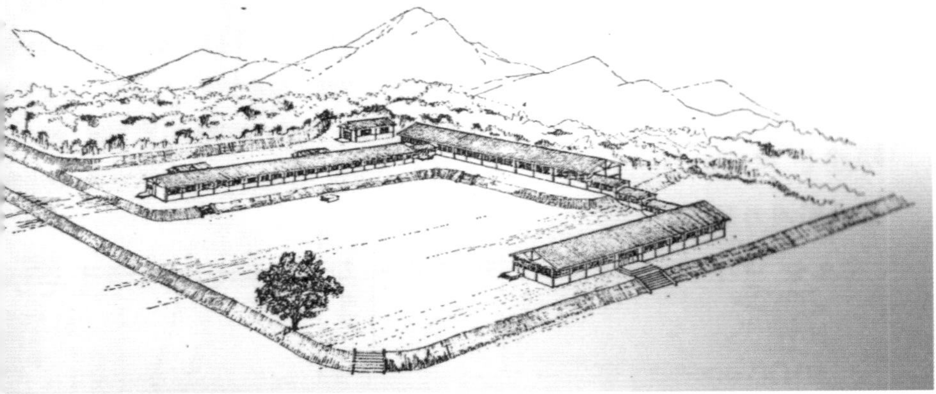

1922년 4월 경복고등학교의 전경(출처: 경복동창회, 1975)

앞의 사진은 쇼트와 그의 일행이 농상소에서 찍은 사진으로, 농상소의 규모와 위치를 확인할 수 있다. 사진에 보이는 뒷산이 북악산이고, 기와집 몇 채와 사람들이 서 있는 곳이 농사소이다. 현재 경기상업고등학교와 경복고등학교 일대에 해당하며, 아래쪽 사진과 비슷한 위치에서 찍은 사진으로 보인다.

농상소는 조선총독부에서 제작한 〈경성도〉를 보면 식림묘원(植林苗園)으로 표시되어 있다. 농상소 식림묘원으로 사용되었던 청송당 일대는 다시 1921년 새로운 장소로 탈바꿈하게 된다. 1919년 3·1운동을 겪은 일본이 무단통치를 끝내고 문화통치로 전환하자, 조선인들의 근대교육에 대한 열망이 커지면서 교육 시설 확충의 요구가 거세어졌다. 이러한 시대적 요구에 따라서 조선인들을 위한 공립고등학교를 새로 건립하게 되었다. 그때 제1 고등학교(현 경기고등학교)를 이어서 제2 고등학교(현 경복고등학교)

가 당시 국가 소유로 있던 식림묘원 자리에 건립되었다.

『경복 55년사』의 그림을 보면 경복고등학교의 교내를 제외한 주변은 여전히 농상소의 흔적이 남아있기 때문에 산림 식재의 상황을 짐작해 볼 수 있다. 1925년에는 경기상업고등학교가 동숭동에서 이곳으로 이전하면서 자리를 잡았고, 1950년대에 청운중학교가 경기상업고등학교와 분리되어 자리하게 되었다. 과거 식림묘원으로 어린 묘목들을 키워 냈던 부지가 공교육기관이 들어서면서 어린 학생들을 키워 내는 장소가 된 것이다.

열네 번째 이야기

무궁화 꽃이 피었습니다

청와대 서쪽 경내에 독립적인 공간으로 육상궁이 있다. 육상궁 북쪽에 큰 바위를 '대은암(大隱巖)'이라 하고, 그 바위를 시작으로 개울이 흐르는데 이를 '만리뢰(萬里瀨)'라 한다. 대은암 앞에는 영의정을 지냈던 남곤의 집이 있었다. 주인 남곤이 너무 바빠 집 뒤에 바위가 있는 줄 몰랐다는 것에 기인해 바위 이름을 대은암이라고 붙였고, 계곡은 가까이 있으나 즐기지 못해서 만 리나 떨어져 있는 것과 같아 만리뢰라고 불렀다고 한다. 만리뢰 계곡이 넓어진 곳에 지금은 청와대 옆 무궁화동산이 있다. 이 내용은 박은이 이행과 남곤의 집에 놀러 왔다가 쓴 '이행과 함께 남곤의 북쪽 정원에 노닐며'라는 글에 기인한다.

주인(남곤)은 산봉우리를 가졌으니 그것이 우리들의 향로인 셈이고, 주인이 계곡을 가졌으니 그것이 우리 집 처마 낫숫 물인 셈이네. 주인이 벼

슬과 권세가 대단하여 문 앞에 찾아온 수레 많기도 하다. 삼년이 지나도록 단 하루도 찾지 않는 동산이라 산신령이 있다면 꾸지람을 당하리라.

남곤은 1519년 기묘사화를 일으킨 훈구 세력으로 조광조를 비롯해 양팽손, 기준, 최산두 등 신진 사림 세력을 숙청했다. 기묘사화 때 조광조의 제자였던 성수침은 유란동 계곡에 은거했고, 남곤은 유란동 계곡과 멀지 않은 만리뢰에 이웃해서 살았다. 남곤은 온갖 권력을 휘둘렀지만 자연을 즐기지 못해 친구들의 놀림거리가 되었다. 반면 성수침은 가진 것은 없었지만 깊은 계곡으로 들어가 공부에 전념했던 것을 후대 사람들이 노론학파의 성지로 삼아서 그를 기억하곤 했다.

남곤의 집은 세월이 흘러 중종 때 서윤(庶尹) 벼슬의 안동 김씨 김번이 풍수발복할 터에 자리를 잡고 '무속헌(無俗軒)'이라 불렀다. 과연 그 예언대로 김번의 손자 대에 우의정 김상용과 좌의정 김상헌 형제를 필두로 가문이 발복하기 시작했다.

병자호란 당시에 강화도에 들어간 김상용은 강화도성이 청나라 군병들에 의해 세력이 기울자 강화 남문의 다락 위에 올라가 화약 상자에 불을 놓아 폭사 순절한 사람이다. 김상헌은 남한산성에서 항복문서를 찢고 6일 동안 단식 저항하다가 척화파(斥和波) 제1호로 청나라 심양에 끌려갔지만, 그곳에서도 기개를 꺾지 않아 중국인들의 흠모를 받은 인물이다. 김상헌이 청나라로 끌려가면서 지은 시는 예전 고등학교 교과서에도 실렸던 "가노라 삼각산아 다시 보자 한강수야, 고국산천을 떠나고자 하랴마난, 시절이 하 수상하니 올동말동하여라."라는 시조이다.

김상용은 청풍계를 중심으로 자리를 잡고 그 아우 김상헌은 무속헌에 자리를 계속하게 되었다. 김상헌의 손자 대에서만 참판 김수증, 영의정 김수흥, 영의정 김수항이 나왔고 김수항의 아들인 김창집, 김창협, 김창흡, 김창업, 김창집, 김창립이 소위 육창(六昌)으로 불리며 그 아래에서 정승 판서만 60명을 배출하면서 최고의 영화를 누렸다. 이들 육창(六昌)과 가깝게 지낸 인물 중 정선이 있었다.

김수흥은 무속헌 뒤 만리뢰 계곡 깊숙한 곳에 '독락정(獨樂亭)'이라는 정자를 지었다. 장동 김문의 적자로 숙종 때 영의정을 두 번 하고 두 번의 유배를 당하는 과정에서 독락정은 장동 김문의 정치적 흥망성쇠를 같이했던 장소였다. 정선이 그린 〈독락정〉은 김상헌 집터 중에서 북악산 바로 밑에 계곡 일대를 그린 것이다. 독락정은 1743년 영조 때가 되면 심공량의 소유가 된다. 『승정원일기』 1743년 기록에서 이것을 확인할 수 있다.

> 11월 27일 눈이 내리던 밤, 이곳 독락정의 주인 심공량의 집에 호랑이가 들어와 돼지 한 마리를 잡아가는 사건이 일어났다.

이 글에 따르면 만리뢰 일대 북악산 근처 백운동의 창의문 아래쪽은 호랑이가 자주 출몰하는 지역이었다. 정선의 〈독락정〉 역시 독락정의 위치가 인왕산과 북악산의 줄기를 타고 산과 계곡이 깊은 곳에 있어 호랑이의 이동처로 손색이 없다는 것을 보여 준다. 그림에서 보듯이 독락정은 만리뢰 계곡에 지은 작은 정자이다. 그 정자 아래에는 작은 계곡이 쉼 없이 흘러가고 있다. 현재 만리뢰는 복개되어 도로로 사용되고 있다. 만리뢰의 마

정선, 〈독락정〉, 1751, 국립중앙박물관

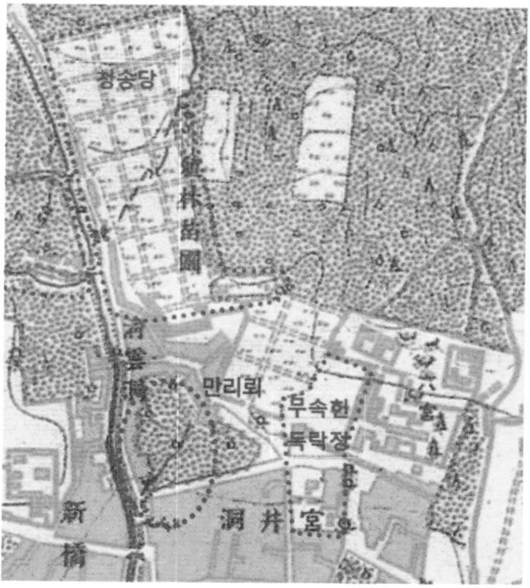

〈경성도〉 부분, 1917, 개인소장

지막 흔적은 〈경성도〉에서 표현한 백운동천으로 합류되기 직전의 모습이다.

김상헌의 후손 중 무속헌의 마지막 주인은 김정진이었다. 그는 1912년부터 궁정동 2번지를 소유했으나 1917년부터는 박제순과 그의 아들 박부양에게 소유권이 넘어갔고, 현재는 주한 교황청 대사관저로 사용되고 있다. 궁정동 3번지는 1912년부터 이완용의 아들 이항구의 소유였다. 박제순과 이항구는 을사오적의 당사자와 그 후손이다. 당시 최대 권력자들이 인접해서 소유한 궁정동 2번지와 3번지는 모두 김상헌의 집터였을 가능성이 높다.

김상헌의 집터 2번지 아래쪽에는 궁정동 55번지가 있다. 이곳은 1905년 신문자료를 기반으로 집터에 대한 역사적 설명을 곁들여 보고자 한다. 1905년 한성중학교 교사로 초빙되었던 일본인 다카하시 도루(高橋亨, 1878~1967)가 있다. 다카하시 도루는 1908년에 한성고등보통학교(현 경기고등학교) 학감이 되었고, 대구고등보통학교 교장과 경성제국대학 교수를

궁정동 2번지 무속헌 터(주한교황청 대사관 입구)

역임했다. 그는 일제강점기와 그 이후에도 한국의 유교와 역사에 매우 중요하게 영향을 끼친 사람이다. 이미 일본에서 중국 철학으로 문학박사 학위를 받은 그는 조선으로 온 후에 한국 불교와 유교 분야 연구에 정진했다. 그는 『조선불교사(朝鮮佛教史)』, 『조선사상사(朝鮮思想史)』를 저술하면서 1919년 박사학위를 받았고, 한성고등사범학교에 재직하면서 국어사전을 집필하여 수업 과정으로 만들기도 했다.

> 일본문학박사 고교형을 중학교 교사로 고용하는데, 기간은 3년이며 월급은 150원, 가옥비는 20원이었다.
>
> – 『황성신문』, 1905.1.26

> 관립고등학교 학감 일인 고교형과 교수 김하정 두사람이 국어문전을 편찬하여 그 학교과정에 첨입한다더라.
>
> – 『대한매일신보』, 1909.9.4

다카하시 도루는 1909년 12월 미국인 게일, 프랑스 신부 안신부, 한국인 국어학자 주시경과 함께 한국어연구회를 조직하여 한국 문화에 대한 이해와 연구에 크게 전념했던 인물이다. 특히 그는 조선시대 퇴계 이황의 주리론(主理論)과 율곡 이이와 기대승이 주창한 주기론(主氣論)의 이분법적 구분을 처음으로 시도했다. 일제강점기 당시 한국 문화에 대한 조예가 깊어서 후학들 양성에도 크게 기여한 인물로 평가받는다. 그러나 그의 이론은 조선의 이분법적 유학을 조선 멸망의 원인으로 보는 식민사관의 기초라는 이유로 비판을 받기도 한다.

대한매일신보 1909년 6월 3일 기사에 김상헌의 고가 무속헌이 어떤 일본인에게 전당 잡혀서 팔리게 되었다는 내용이 나온다. 궁정동 55번지(775평)의 소유가 1912년 경성부 지적목록에 따르면 고교형(高橋亨)으로 되어 있는데, 이 기사의 일본인이 다카하시 도루일 가능성이 높다.

한성고등보통학교(현 정독도서관)에 재직하면서 북촌 일대에 거주하는 것은 당연할 것이고, 1912년부터 1927년 경성부 지적목록에 고교형(高橋亨)의 소유로 되어 있는 것을 보면 이 기사의 내용과 무관하지 않아 보인다. 이러한 이유로 궁정동 2·3·55번지는 김상헌의 종손 김정진의 소유였을 가능성이 높다.

> 선원 청음 형제의 오래된 주택 무속헌이 사직동에 있는데 그 종손이 이 가옥을 일본인에게 전당 잡히고 일본으로 도주했다. 김씨들이 어제 종회를 열고 그 가옥을 환원하기로 발기했다더라.
>
> –『대한매일신보』, 1909.6.3

고교형(高橋亨)의 소유였던 것이 해방 이후 적산가옥으로 국가 소유가 되었고 1970년대까지 청와대 안전 가옥으로 사용되면서 한국 현대사에서 잊지 못할 역사적 장소가 되었다. 1979년 10·26 사태가 날 때까지 궁정동 일대는 대한민국의 '어두운 정치'를 연상케 하는 밀실 공작정치의 장소였다. 군인정치 시대를 끝내고 문민정부의 시작점인 김영삼 정부에서는 어두운 정치를 끝내기 위해 궁정동 일대를 시민들에게 돌려줌으로써

비화 역사에 묻고 공원으로, 무궁화동산 어제 개장

과거 권부의 밀실이었던 궁정동 안가터 3,200평이 시민공원 무궁화동산으로 단장되어 1993년 7월 1일 일반인들에게 공개되었다. 공원 입구에는 대통령의 친필로 새겨진 "무궁화동산" 기명석이 세워졌으며, 중앙에는 궁정동을 상징하는 우물도 만들어졌다. 서울시는 지난 3월 5일 김영삼 대통령이 "과거 권위주의 시대 밀실정치의 산실이었던 안가를 철거하고 국민에게 되돌려주겠다"고 발표한 이후 이 자리에 공원 조성사업을 해 왔다.

안가는 '어두운 정치'의 대명사이자 공작정치와 돈과 여자와 술이 있는 곳이었다. 시국 사건 때마다 이른바 '관계기관대책회의' 장소로 이용되었다. 이날 개장한 공원 자리는 특히 지난 1979년 10월 26일 저녁 박정희 대통령이 당시 김재규 중앙정보부장의 총탄에 맞아 최후를 맞이했던 자리로도 유명하다. 서울시는 박대통령이 총탄을 맞았던 자리에 길이 30m, 높이 3m의 성곽 모양으로 된 돌담을 쌓았다. …

– 『동아일보』, 1993.7.2

민주정치의 새로운 시대를 열고자 했다.

역사적으로 볼 때 특출한 인물이 살았거나, 특별한 사건이 발생했던 장소의 힘은 매우 강하다. 무궁화동산 일대도 수백 년을 이어온 권력자들의 주거지였고, 정치적 보복으로 인한 사건 사고가 끊이지 않은 곳 중 하나였다. 이런 장소의 이미지, 힘을 상쇄하기 위해서 독점력을 없애거나 시민들의 공간으로 재탄생시키는 등의 정책을 마련하는 경우가 많다. 종로구 새문안로에 있는 4·19혁명 기념 도서관도 이승만 정부 때 이기붕 부통령의 저택으로, 그의 일가가 죽음을 맞았던 장소였다. 이곳 역시 여러 시민들의 안식처로 사용할 수 있게 도서관으로 재탄생시킨 것은 무궁화동산의 정책과 속성이 같다고 할 수 있다.

열다섯 번째 이야기

멀고도 험난한 독립의 길

백운동천은 인왕산과 북악산 사이 계곡에서 발원하여 청계천으로 흘러가는 물길이며, 현재는 복개되어 왕복 6차로의 자하문로에 해당한다. 1900년대 외국 선교사 성 오틸리엔 수도원의 신부님이 촬영한 사진 속 신교다리가 지나는 물길이 바로 백운동천이다. 일제강점기 때 복개되어 신교의 흔적이 사라졌고 현재는 신교동이라는 지명으로만 남아 있다. 현재 청운초등학교 운동장 옆 화단에 화강암으로 만들어진 다리 장식품이 6개 있는데, 역사학자들이 신교다리에 있었던 장식품이라고 밝힌 바 있다. 두 사진을 비교해 보면 같은 모양임을 확인할 수 있다.

일본은 1910년 강제 병합 이후에 토지조사사업을 완성하고, 1914년 백운동은 청풍계와 백운동을 합쳐 청운동으로 동명을 변경하게 되었다. 이 시기 백운동의 주인은 장동 김문의 마지막 주인공인 동농 김가진(金嘉鎭, 1846~1922)이다. 김가진은 김상용의 12세손으로 지금의 신교동 세종마을

1900년대의 백운동천과 신교(출처: 서울역사박물관)

현재 청운초등학교 교정의 신교 유구들

푸르메센터 근처에서 태어났다.

김가진의 집터 '백운장' 영역은 지금의 청운동 1번지부터 10번지까지의 1만여 평에 이르는 매우 넓은 터였다. 김가진이 직접 쓴 백운동천 바위 글씨를 배경으로 자리 잡은 백운장과 몽룡정은 그의 시회(詩會) 활동의 주요

정선, 〈백운동〉, 1751, 국립중앙박물관

1903년 김가진이 새긴 "백운동천"

무대였다. 서얼 출신인 김가진이 참여한 시(詩)모임은 북촌 양반들의 모임인 '북사'와 서울 양반들의 모임인 '시계' 등이었다. 당시 시대적 상황에 맞추어 젊은 지식인들과도 교류했으며 김홍집, 유길준, 홍영식 등의 개화파 지식인들과의 교류도 활발히 했다.

일본어, 영어, 중국어에 능통했던 김가진은 32세의 늦은 나이로 정계에 입문했고, 1883년 감리인천항 통상사무아문 주사로 발탁되어 개항 초기 통상사무의 기초를 닦는 데 기여했다. 김가진은 격동의 시기에 총 6년간 일본 공사로서 조선의 자주외교를 위해 노력했다. 그가 1904년 비원장으로 창덕궁 후원 중수공사를 성공적으로 마치자 고종은 남은 자재로 김가진의 집을 짓도록 지시했다. 이것이 장안 으뜸이라는 백운장의 시초가 된다.

그는 1905년 을사늑약이 체결된 이후 오랜 외교 경험과 근대 통상업무에 대한 지식으로 자주독립에 대한 구체적인 운동을 하게 되는데, 1908년 대한협회의 창립에 관여하고 제2대 회장이 되어 자주 국가로 다시 일어서는 길을 모색했다. 그러나 1910년 일본과 강제 병합이 되고 대한협회가 해산되자, 그는 백운장에 칩거 생활을 하면서 3·1운동 직후 조선 독립을 위한 조선민족대동단 비밀단체를 설립했다. 대동단 본부를 상하이로 옮기고 의친왕 이강을 모시고 중국 망명을 모색하기도 했다.

일제는 강제 병합 이후 친일 귀족의 충성과 기득권 세력의 소요를 막기 위한 조치로 조선귀족령에 따라 구한말 중신들에게 작위를 수여했다. 김가진에게도 가장 낮은 등급인 남작을 수여했으나 그는 연금 수령은 거부했다. 1919년 3·1운동 이후에 김가진은 막내아들을 데리고 만주로 건너가 상해임시정부에서 독립운동을 펼쳤다. 그의 가족들은 3대에 걸쳐 독립운동을 했고, 김가진을 제외한 후손들에게 독립무공훈장이 추서되었다.

김가진의 백운장은 1909년에 일본인에게 4천 환에 매각된다. 백운장 일대 청운동 5~8번지의 약 5천여 평은 1917년 경성부 지적목록에서 츠다 가지오(津田鍛雄)의 소유로 확인할 수 있다. 츠다 가지오는 당시 평안도 일대에 광산업자로 조선광업회를 창립했던 거물급 일본인이다.

또한 이곳은 일제강점기 때 경성일보 사장으로 언론과 당시 문화계의 거두였던 도쿠토미 소호(德富蘇峰)도 거주했던 곳이다. 『매일신보』 1940년 5월 29일 기록에 따르면 1910년대 백운장 일대에 그가 거주했던 것을 확인할 수 있다. 백운동 바위에 그가 직접 지은 시비(詩碑)를 세웠었으나 지금은 그 흔적은 찾을 수 없다.

이후 백운장은 도쿠토미 소호의 거주를 마지막으로 사라지는 날까지 요정으로 그 이름을 지속하게 되었다. 일본인 키타무라 세이타로(北村淸太郎)가 소유하면서 백운장은 1915년 창업 당시 청향원(淸香園)이라는 요

화남장 광고(『경향신문』, 1956.6.22)

三十年前古巢에 老文豪、感舊의 筆蹟
德富蘇峰翁의 詩碑除幕式盛大

문호 덕부소봉(德富蘇峰)선생의 시비(詩碑)가 완성되어 그 제막식(除幕式)을 28일 오후 3시반부터 선생이 30년 전에 살든 옛집인 부내 청운정 '작소거(鵲巢居)' 안 뒷뜰에서 거행하엿는데… 자하문턱 아래 잇는 백운장(白雲莊)안 선생의 옛 집에는 … 리왕직장관 리항구(李恒九)남, 송원(松原) 조선은행총재, 윤치호(尹致昊)씨, 그 외 문필관계인 등 여러 관민이 참석한 가운데… '시비'에 쓰힌 선생의 시문은 다음과 갓다.

"淸風溪上 白雲洞 洞裏蝸盧傍水斜 老樹富門門雍石 鵲巢高處是吾家 蘇峰 77叟"

–『매일신보』, 1940. 5. 29

정으로 불렀으나 1929년 백운장으로 개칭하여 본정(명동)에는 청향원, 청운동에는 분점 백운장으로 운영했다.

해방 이후 환국한 서재필 박사의 환영회를 했던 곳도, 1947년 보스턴 마라톤 대회에서 우승한 남승용, 서윤복, 손기정을 위한 환영회가 있었던 장소도 백운장이었다. 앞에 있는 경향신문 광고를 보면 화남장이 과거 백운장이었음을 알 수 있다. 1960년대 초반까지 화려한 호텔과 요정으로 사용되었으며 백운장의 가옥 배치나 규모를 짐작할 수 있는 사진이다.

백운장이 요정으로 영욕의 세월만 있었던 것은 아니었다. 『민중일보』 기사에서 볼 수 있듯이 비록 실현되지는 않았지만 조국 광복의 독립군을 양성하던 남만주에 있던 신흥무관학교(新興武官學校)의 정신을 부활시키기 위해 백운장에 신흥전문학원(新興專門學院)의 터를 잡고자 했다. 그러나 사기 사건에 연류되면서 신흥전문학원이 자리 잡는 것은 실패로 돌아가고, 독립운동의 정신을 잇고자 했던 꿈은 이루지 못했다.

> 과거 일제시 만주(滿洲)에서 이시영 선생 주관하에 신흥문관학교로서 조국 광복에 만흔 일군을 훈육하여 오다가 해방 후 이시영 선생의 환국과 함께 작년 2월부터 신흥전문학교로 재출발한 바 일억의 재단을 확립하는 한편 백운장을 교사로 접수키로 적극 추진중이라 하며 근일 대학허가도 완료될 것이라 한다.
>
> –『민중일보』, 1948. 3. 14

이후 1960년대까지 각종 요정 정치의 산실과 사회적 병폐의 온상으로 자리하고 있던 백운장은 5·16군사 정변 후 군부가 미국인 교회에게 소유권을 불하했다. 1964년 이 땅을 불하받은 예수 그리스도 후기 성도 교회가 백운장 건물을 허물고 교회 건물을 지으면서 백운장 터는 우리 기억 속에서 사라지고 말았다.

현재 교회를 지나 우거진 수풀을 헤치고 가면 과거 독립운동가 김가진

김가진 집터 흔적들

의 집터였던 흔적들이 남아 있다. 창고로 쓰였을 것으로 보이는 토굴, 수도 시설과 화장실로 사용했던 타일 바닥, 큰 한옥의 기와지붕을 헐고 남은 기와장들을 모아 둔 것과 더불어 마당 장식품이었을 3층 석탑도 볼 수 있다. 만약 이곳이 해방 이후 신흥무관학교에게 그 소유권이 넘어갔었다면 김가진의 독립 의지가 계속 이어질 수 있었을 것이다. 이 땅이 미래 세대에게 일제강점기의 현장과 독립을 위한 선구자들의 피땀을 가르치는 역사교육의 장소로 활용되었으면 하는 아쉬움이 남는다.

부록

지리적 관점에서
미술 작품을 감상한다는 것

미술 작품을 감상하는 다양한 방법

미술 작품은 조형적 가치는 물론이고 작가의 개성, 사회문화적 가치 등이 궁극에 달한 창조적인 것이다. 미술 감상은 작품과 작가 시대의 조형성, 창조성, 개성, 사상, 인생관 등이 집결한 하나의 질 높은 세계의 감상이다. 미술 활동의 본질은 미적 체험이며, 미적 체험을 통해 미적 감각과 감상하는 힘을 갖출 수 있는 것에 의의가 있다(한국조형학회, 2016).

현재 미술 교육에서도 미술 작품에 대해 사회적 접근과 해석을 강조하고 있다. 에플랜드는 왜 미술이 정서뿐만 아니라 인지적으로 중요한가에 대한 물음의 답으로 미술이 해석을 구성하는 능력을 제공한다고 요약했다(Efland, 2002).

'해석'은 삶에서 필수적이다. 미술 작품을 해석하는 과정을 통해서 불확

실하거나 불명확한 환경에서의 다른 상황들을 해석할 수 있다. 이러한 해석 능력과 인지 활동은 법학, 의학, 역사 등 다른 영역의 교육을 통해서도 가능하다.

프레드릭과 풀러는 공간은 행동이 일어나는 장이며, 예술가의 풍경화 또한 행동이 이루어지는 무대이고, 예술가는 관객이 그 행동을 느낄 수 있게 해 준다고 말했다. 더불어 인간의 경험은 시간적 맥락에서 시각적으로 표현되는 공간적 차원을 갖게 된다고 말한다. 따라서 예술을 아는 것과 연습하는 것이 개인의 교육에 필수적인 것처럼 경관을 읽는 법을 배우는 것도 중요하다(Fredrick · Fuller, 1996).

미술 작품 감상은 사회과에서는 샌들러의 인지적 사고 과정에 따른 그림 읽기 방법과 파노프스키의 도상해석학을 활용한 그림 해석 방법이 주를 이루고 있고, 미술 교육에서는 펠드만의 감상 방법을 적용하는 연구가 많이 이루어지고 있다.

샌들러의 그림 읽기 방법은 본래 사회과 수업에서 그림이나 사진 자료를 객관적으로 해석하는 방법으로 사용했다. 그는 오랜 시간 학교에서 사회를 가르친 경험을 바탕으로 "그림 하나에 천 마디의 가치가 있다."라고 말한다. 그는 그림을 읽는 과정에서 개인의 주관이 강하게 개입될 수 있으므로 객관적이고 합리적인 해석을 위해서는 인지적 사고 과정에 따라 그림을 해석해야 한다고 주장한다(이희근, 2003).

그림 읽기의 주요 절차는 정보 수집, 정보 분류, 사실 진술, 추론, 예언의 다섯 단계로 이루어진다. 첫 번째, 정보 수집 단계는 그림 내용을 상세히 관찰한 후 그림에 나타난 정보를 수집하는 단계이다. 두 번째, 정보 분류 단계는 그림으로부터 수집한 정보를 기준에 따라 분류하는 단계이다. 세 번째, 사실 진술 단계는 수집되고 분류된 정보를 토대로 그림에 나타난 사실을 진술하는 단계이다. 넷 번째, 추론 단계는 어떤 사실이나 정보 그리고 관찰한 내용이나 통찰한 내용으로부터 도출된 개연성 있는 진술을 하는 단계이다. 마지막 예언 단계는 기존의 증거에서 미래에 어떻게 될 것인가를 도출하는 예측적인 진술이다. 이 절차는 스스로 그림을 보고 조사, 분석, 이해하는 것에는 효과적일 수 있지만 미술 작품을 객체화해서 보기 때문에 그 안에 내포된 역사적, 사회적 의미를 다루지 못한다는 한계가 있다.

파노프스키의 도상해석학은 미술 작품을 형식이 아닌 주제나 의미와 관련지어 연구하는 종합적인 해석 방법론이다. 이것은 조형 예술 작품에서 의미를 명료하게 구분하여 학문적으로 접근하는 방법론을 만들어 주었고, 미술사학 분야에서는 하나의 패러다임이 되었다(김미라, 2011).

도상해석학은 도상학에서 출발한 것으로, 도상의 본질적인 의미를 해석하고 그 내용과 형식 관계 체제를 연구하여 종합적인 미술 작품의 이해를 탐구하고자 하는 학문이다. 즉 주제의 확인을 목적으로 하는 서술적 학문 방법을 '도상학'이라 하고, 미술 작품에 표현된 상징이나 교리, 신비적 의미와 그 외의 것의 파악을 목적으로 하는 것을 '도상해석학'이라 하여 서로 구분한다(김미안, 2006).

파노프스키의 작품 해석 절차는 다음의 세 단계로 이루어진다. 첫 단계는 전(前)도상학적 기술로, 해석의 대상은 '일차적인 또는 자연적인 주제'이다. 해석자는 실제 경험을 쌓은 상태여야 하고 양식사에 대한 정확한 지식을 통해 자신의 관찰을 보완하고 통찰력을 지녀야 한다. 두 번째 단계는 도상학적 분석이다. 여기서 대상은 그림, 역사 그리고 알레고리(allegory)를 형성하는 '이차적 혹은 관습적인 주제'이다. 이 경우 해석자의 도구는 일정한 주제나 관념들에 대한 문헌에 바탕을 둔 지식이다. 해석자는 '변화하는 역사적 조건에서 특정한 주제나 관념이 어떻게 대상과 사건을 통해 표현되는가'에 대한 통찰력을 가지고 자신이 관찰한 바를 검증해야 한다.

세 번째 단계는 도상해석학적 분석이다. 이것의 대상은 미술 작품의 '본래 의미' 혹은 '의미 내용(Gehalt)'이다. 이 단계에서 해석자의 도구는 인간 정신의 본질적 성향에 대해 숙지하는 것인데, 이때 해석자는 시간의 흐름에 따라 변화하는 주제나 관념을 통찰하고 그것을 기반으로 자신의 해석을 보완할 수 있어야 한다(Kaemmerling, 1999). 쿠블러는 이러한 파노프스키의 도상해석학에 대해 의미에만 집중하고 형식으로서의 미술에는 무관심하다며 '도상해석학적 축소'라는 표현으로 그 연구의 제한성을 지적하기도 했다(Kubler, 1962).

펠드만 법칙은 서술, 분석, 해석, 판단의 4단계로 구성되어 있다. 첫 단계인 서술은 '묘사하기'라고도 하는데, 미술 작품을 자세히 살펴보고 본 것을 모두 나열하는 것이다. 두 번째 단계인 분석은 작품에 나타난 미술 요소나 원리를 관찰하는 것이며, 세 번째 단계인 해석은 작품에 대한 느낌이나 작가의 의도 등을 이야기하고 작품의 주제나 정서적 의미를 파악하는 단계이다. 마지막으로 평가는 자신이 발견한 것들을 바탕으로 미술 작품에 대해 가치판단을 하는 것이다. 그러나 펠드만의 법칙은 미술 작품을 '외형적'으로만 파악하고 있으며, 그 미술 작품의 탄생 배경은 다루지 않는다는 한계점을 가진다.

지리적 관점에서 미술 작품을 감상하는 방법과 절차

테일러는 지리교사들이 이미지를 자세하게 관찰하도록 하는 것뿐만 아니라 작가의 특성과 동기, 이미지가 우리에게 주는 의미를 질문함으로써 지리 수업을 더 풍부하게 만들 수 있다고 말했다. 더불어 교수의 효과적인 전략은 학생들이 이미지를 관찰하고, 접근하고, 탐구하고 해석하는 기능을 발달시킬 수 있도록 하는 것이라고 말한다.

그가 제시한 '비전 프레임'은 지리교육에서 그림이나 삽화, 사진 등 이미지를 상세히 분석하기 위해 만든 틀이다. 그는 지리 수업에 사용되는 시각자료가 세계를 있는 그대로 비추는 객관적인 창이 아니라, 시각자료를 만든 사람들의 의도적 선택이고 사회적으로 구성된 재현(representation)의 산물로 보고 있다. 이미지를 기존의 전형적인 접근이나 해석이 아니라, 다른 관점으로 보는 방법을 강조하고 있는 것이다(Taylor, 2004).

조철기는 원래 비전 프레임은 이미지를 분석하는 데 초점을 두고 있는데, 사진과 그림이 광고에 사용될 때 많은 함축적인 정보를 담고 있는 것처럼 이미지를 분석하는 기능에 특별히 초점이 맞추어져 있다고 말했다. 학생들은 교사에 의해 제공된 이미지나 자신이 가져온 이미지에 비전 프레임을 적용하면 되고, 그것은 이미지를 세부적으로 관찰하고 숙고하는 과정에 대한 구조를 제공해 준다고 했다. 그러나 비전 프레임은 질문이 계열성 없이 제시되어 있고 사실적인 면을 보는 것보다는 누가 이미지를 만들었는지, 그리고 왜 만들었지에 대한 고차적인 접근을 강조하고 있다. 그러므로 비전 프레임은 미술 작품 감상의 마지막 단계인 비판적, 종합적 이해 측면에서 적용하는 것이 가장 효과적이다(조철기, 2013).

〈표 1〉은 미술 작품을 감상하는 방법을 관찰, 분석, 해석이라는 주요 전략적 관점에 보았을 때 기존의 주요 미술 작품 감상법인 샌들러, 파노프스키, 펠드만의 감상법과 필자가 제안하는 지리과 미술 작품 감상 단계를 비교한 것이다. 실제로 여러 학자가 제시한 작품 감상법마다 근거가 되는 이론과 원리가 다르기 때문에 정확하게 구분하기에는 무리가 있으나, 지리적 측면에서 미술 작품 감상법의 각 단계와 방법을 설명하기 위해 도식화했다. 특히 파노프스키의 도상학적 분석단계는 분석만 있는 것이 아니라 일차적 해석을 포함하고 있기 때문에 해석단계까지 확대하여 표현했다.

필자는 샌들러의 5단계 해석법과 파노프스키의 3단계 접근법, 그리고 펠드만의 4단계 접근법과 권오현이 제시한 역사과 회화 사료의 3단계 독

〈표 1〉 지리과 미술 작품 감상 단계와 기존 미술 작품 감상법 비교

주요 전략	지리과 미술 작품 감상 단계	파노프스키	샌들러	펠드만
관찰	1단계- 일차적인 정보 수집 및 분류하기	전도상학적 기술 (일차적 자연적 주제)	관찰하기 분류하기	
분석	2단계- 사실의 발견 및 서술하기	도상학적 분석 (이차적 관습적 주제)	사실 진술(일반화)하기	묘사(서술)하기 분석하기
해석	3단계- 상징적인 의미 해석하기	도상학적 해석 (상징적인 또는 본래의 의미)	추론하기 예언하기	해석하기 판단하기

해법 등을 활용하고, 테일러의 이미지에 대한 접근 방법을 종합했다. 지리과 미술 작품 감상 단계는 '일차적인 정보 수집 및 분류하기', '사실의 발견 및 서술하기', '상징적인 의미 해석하기'로 이루어져 있다.

필자는 특히 단계별로 주요 활동과 질문을 제시했다. 그동안 미술 작품을 감상할 때 수동적이고 피상적으로 접근했다면, 질문을 통한 미술 작품 감상은 문헌 자료, 미디어 자료 등과 적극적으로 상호작용을 할 수 있고 그 안에 들어 있는 내용을 중심으로 유의미한 활동을 할 수 있도록 안내한다. 각 단계별 주요 활동과 접근 방법은 〈표 2〉로 정리했다.

1단계인 '일차적인 정보 수집 및 분류하기' 단계는 '직관적으로 보기'와 '정보 분류하기' 순서로 진행된다. '직관적으로 보기' 에서는 그림을 있는 그대로 보고 직관적으로 파악하는 단계로 작품에 대한 전체적인 느낌과 생각을 가지게 하는 데 중점을 둔다. 이 단계는 파노프스키의 전도상적 단계처럼 그림의 분위기나 색감 등을 직관적으로 감상하고, 사람이나 사물 등 관찰 가능한 것을 찾은 후 그 주요 특징을 파악하는 것이 중요하다. 그림 안에 있는 내용을 수집하는 과정에서 그림의 내용을 어느 정도 이해하게 되며, 이 단계에서 활용할 수 있는 주요 질문은 다음과 같다.

- 그림의 전체 분위기는 어떠한가?
- 그림을 처음 본 순간 떠오르는 단어는?
- 이 그림을 보고 어떤 느낌이 드는가?
- 무엇을 나타낸 그림인가?
- 그림의 색이나 질감 등은 어떠한가?

〈표 2〉 지리과 미술 작품 감상 단계의 주요 활동과 접근 방법

단계	주요 활동		접근 방법
1단계-일차적인 정보 수집 및 분류하기	직관적 감상	• 그림을 직관적으로 보고 감상하기 (분위기, 느낌, 색감 등) • 관찰 가능한 것을 중심으로 일차정보 수집하기 (사물, 사람, 자연, 경관 등)	-전도상적 기술 -해석 도구: 실제적 경험
	정보 분류하기	• 그림에서 수집된 정보를 분류하기 (미술적 정보, 지리적 요소 등) • 분류된 묶음을 대표할 수 있는 이름 붙이기	
2단계-사실의 발견 및 서술하기	사실의 발견 및 정보 수집	• 일반적 사실 발견 및 정보 수집하기 (작가에 대한 정보, 그림 제작 시기, 그림이 나타내는 시기, 등장하는 사람들의 옷차림 등)	-도상학적 분석 -해석 도구: 문헌적 지식(특정 테마나 개념에 관한 친밀성)
		• 지리적 사실 발견 및 정보 수집하기 (예술가의 삶과 관련된 측면, 그림과 관련된 측면)	
	정보를 종합하여 서술하기	• 수집 분류된 정보(이차적인 정보)를 바탕으로 그림에 나타난 사실 묘사하기 • 그림에 대한 사실과 사상을 종합하여 서술하기	
		• 그림과 관련된 자연 지리적인 것에 대해 서술하기 • 그림과 관련된 인문 지리적인 것에 대해 서술하기 • 그림과 관련된 장소에 대해 서술하기	
3단계-상징적인 의미 해석하기	작가에 대한 추론	• 작가가 이 작품을 그린 이유 추론하기 • 작가가 가지고 있는 세계관(자연관) 해석하기	- 도상학적 해석 - 해석 도구: 종합 직관(인간 정신의 본질적 성향에 관한 친밀성) - 개인과 세계관에 대한 해석 - 상징적인 혹은 본래의 의미 파악
	맥락적 해석하기	• 그림과 역사적 혹은 문화적 배경과의 관계 추론하기 • 미술 작품의 ‘본래 의미 ’혹은‘ 의미 내용’ 추론하기 • 변화하는 시간과 공간 속에서 특정 주제와 관념을 통해 어떻게 표현되는가를 통찰하기	
	관계적 해석하기	• 그림 속에 사람들의 생각 추론하기 • 그림 속에 사람들과 장소의 관계 추론하기	

2단계인 ‘사실의 발견 및 진술하기 단계’는 ‘사실의 발견 및 정보 수집’과 ‘정보를 종합하여 서술하기’ 순으로 이루어진다. 이 단계는 그림과 관련된 사실들을 발견하고 정보를 수집한 것을 종합하여 객관적인 사실들을 진

술하는 단계이다. 파노프스키의 도상학적 분석 단계와 관련이 깊으며, 문헌 자료와 특수 주제에 관한 지식을 갖추고 있어야 하므로 도상학은 전도상학적 인지 과정보다는 좀 더 높은 인식 단계에 속한다.

이러한 지식을 바탕으로 분석이 이루어져야 이차적인 이야기와 알레고리를 구성할 수 있다. 학습자는 다양한 자료와 문헌을 바탕으로 그림에 대한 일반적인 정보와 사실을 발견하고, 이에 관해 서술해야 될 뿐만 아니라 특수 주제라고 할 수 있는 지리에 관련된 내용을 서술해야 한다.

'사실의 발견 및 진술하기 단계'에서는 일반적인 측면과 지리적인 측면으로 나누어 정보를 수집할 수 있다. 먼저 '일반적인' 사실 발견 및 정보 수집은 펠드만 법칙의 묘사 단계로 작품을 만든 작가, 작품 제목, 작품을 만든 연도, 그리고 소재 등을 파악하고 미술가의 알려진 활동사항 등을 찾는 것이다. 이 단계에서 활용할 수 있는 주요 질문은 다음과 같다.

- 작가는 누구인가?
- 그림의 제목은 무엇인가?
- 그림은 언제 제작 되었는가?
- 그림에 등장하는 사람들의 모습(옷차림, 얼굴 표정, 소지품 등)은 어떠한가?
- 그림이 나타내는 시기는 언제인가?

'지리적 측면'에서는 예술가의 삶과 관련된 지리적 정보와 그림 작품에 대한 지리적 정보의 발견 및 수집으로 나누어 볼 수 있다. 예술가의 삶과 관련된 지리적 정보는 예술가가 태어난 장소, 작업한 장소, 거주했던 장소

등 다양한 형태로 질문의 확대 적용이 가능하고 이 부분만 심도 있는 탐구가 가능하다.

- 예술가와 관련된 장소와 그 위치는?
- 예술가와 관련된 장소의 자연적 환경은?
- 예술가와 관련된 장소의 인문적(역사적 문화적 사회적 등) 환경은?

그림 작품 그 자체에 대한 지리적 접근은 그림의 배경이 되는 장소, 그림에 나타난 자연 및 인문적 지리적 요소, 그림의 보관 장소에 대한 것으로 아래와 같은 질문을 활용할 수 있다.

- 미술 작품의 배경이 되는 장소와 그 위치는?
- 미술 작품과 관련된 자연 지리적 요소는 무엇인가?(지리적 요소: 날씨, 기후, 지형, 동식물 등 다양한 자연 경관을 중심으로 보기)
- 미술 작품과 관련된 인문 지리적 요소는 무엇인가?(지리적 요소: 종교, 문화, 도시, 촌락, 경제 등 다양한 인문 경관을 중심으로 보기)
- 미술 작품이 전시되거나 보관된 장소는?

이러한 질문을 기초로 작품 속 지리적 요소들을 찾아내고 이와 관련된 것을 여러 자료나 문헌을 바탕으로 분석하여 관련 내용을 탐구할 수 있다.

3단계 '상징적인 의미 해석하기'는 한 작가나 작품에 녹아 있는 특정한 세계관(세대 혹은 인물), 자연관, 종교관, 철학, 정치, 시대적·사회적 배경, 계층 등을 고려하여 그림에서의 상징적 의미를 찾고 해석하는 단계이다.

앞 단계에서부터 그림을 직관적으로 보고, 관찰하고, 있는 사실을 그대로 서술한 것을 종합하여 사회적, 문화적 관점으로 해석하고 추리하는 단계이다. 여기서는 추리력, 논리력, 상상력 등 고차적 사고력이 요구된다. 파노프스키는 이러한 도상해석적 단계를 '종합직관'이라고 했으며, 이는 다양한 조건에서 특정한 테마와 개념을 통찰하는 깊은 의미의 도상학적 해석을 말한다. 제시된 질문은 테일러가 비전 프레임에서 제안한 것을 기초로 했다.

- 작가가 이 그림을 그린 이유는?
- 미술 작품은 역사적 상황과 관련되면 어떠한 의미를 갖고 있는가?(맥락적 독해)
- 미술 작품 속에 사람들이 있다면 어떤 생각을 하고 있을까?(관계적 독해)
- 미술 작품 속에 사람들은 이 장소와 어떤 관계가 있을까?(관계적 독해)

필자가 제시한 미술 감상 단계들을 순차적으로 진행하고 미술 작품의 특성에 따라 2단계에서 끝내거나 3단계 상징적 의미 해석하기까지 진행할 수도 있다. 또한 필자가 제시한 감상법 중 일부만 선택하여 그림을 읽는 연습을 하더라도, 이것은 매우 의미있는 미술 감상이 될 것이다.

참고문헌

강홍빈, 2010,『모리스 쿠랑의 서울의 추억』, 서울역사박물관, 우진비앤피, 48.

경복동창회, 1975,『경복 55년사』, 34.

권오현, 2006,「회화 사료의 독해와 발문 방안의 연구」, 사회과교육연구, 13, 1-24.

김동호, 2017,「공정무역의 한계와 그 원인에 대한 연구」, 73(2), 91-110.

김미라, 2011,「도상학적 미술감상법을 활용한 감상지도 연구-중학교 교육과정을 중심으로」, 전북대학교 석사학위 논문.

김미안, 2006,「도상적 미술감상법 연구」, 충남대학교 교육대학원 석사학위논문.

김소연, 2019,「조선후기 회화'의 연구사-풍속화의 재발견과 단원 김홍도(檀園 金弘道)」. 한국문화연구, 37, 133-160.

김형숙, 최은주, 2004,「미술사 교육의 전통과 담론들: 미술관, 미술사, 그리고 교육」, 미술사학, (18), 305-344.

나평순, 2017,「물길의 변화로 본 북촌의 장소성」, 한국지리학회지, 27-50.

나평순, 2019,「권력관계로 본 근대 서울 북촌의 장소성 해석」, 공주대학교 지리교육과 박사학위논문.

라영환, 2019,「반 고흐의 예술과 소명에 관한 연구」, 신앙과 학문, 24(4), 51-74.

마순영, 2011,「폴 고갱의' 원시주의'에 대한 재고」, 현대미술사연구 제30집, 99-123.

박선미, 2013,「지구적 문제에 관한 실천적 참여의 의미와 교육 방향 검토: 공정무역에의 윤리적 소비자 참여의 의미를 중심으로」, 21(2), 69-85.

손형우, 2018,「혜원 신윤복 풍속화의 은현적 특징 연구」, 동양예술, (38), 117-147.

원요한, 임은진, 2021,「'비판적 경계 읽기' 수업을 통한 세계시민교육 방안 연구」, 한국지리학회지, 10(1), 51-65.

이미림, 2017, 「에도명소와 우키요에풍경화에 관한 일고찰」, 일본문화연구, 61, 179-201.

이용균, 2014, 「공정무역의 가치와 한계: 시장 의존성과 생산자 주변화에 대한 비판을 중심으로」, 한국도시지리학회지, 17(1), 99-117.

이창남, 2010, 「오스만과 근대 도시 파리의 경관 - 발터 벤야민의 「파사주 작품」을 중심으로」, 문화와 사회(8), 7-38.

이준선 외, 2011, 『한국역사지리』, 푸른길.

이택광, 2010, 「인상과 풍경화에 나타난 근대도시: 카이유보트의 유럽의 다리」, 도시연구, (3), 155-164.

이한순, 1995, 「미술사 연구방법론의 새로운 지평, 어윈 파노프스키의 Studies in Iconology: Humanistic Themes in the Art of the Renaissance」, 미술사논단, 2, 443-453.

임은진.나평순, 2018, 「지리 교과에서의 융합 수업 설계 및 실천 연구: '명화로 떠나는 세계 여행'을 주제로」, 사회과 수업연구, 6, 65-88.

전경희, 2011, 「일상의 유혹 - 카이유보트 회화에 나타난 근대 소비문화 이미지」, 미술사논단(32), 59-80.

전병규, 2017, 『질문이 살아나는 학습대화』, 교육과학사.

정영근, 2010, 「이미지 시대의 교육학: 그림과 영상의 교육적 연관성에 관하여」, 교육철학, 50, 189-206.

조문정, 2021, 「글로벌 이해 함양을 위한 지리교육의 방향 모색」, 공주대학교 지리교육과 석사학위논문.

조철기, 2013, 「비주얼 리터러시에 기반한 사진 활용 지리수업 방법」, 한국사진지리학회지, 23(1), 13-23.

최태만, 2008, 『미술과 사회적 상상력』, 국민대학교 출판부.

한국조형교육학회, 2016, 『미술교육의 기초』, 교육과학사.

홍석기, 2001, 「초등역사학습에서 삽화 지도를 위한 발문전략」, 한국교원대학교대학원 석사학위 논문.

홍창호, 2016, 「명화를 활용한 다문화미술 교육프로그램의 개발 및 효과」, 미술교육

연구논총, 44, 191-218.

홍현아, 2022, 「지리적 안목 신장을 위한 지리-미술과 융합 수업 개발 연구」, 공주대학교 지리교육과 석사학위논문.

Efland, A.D., 2002, Art and Cognition: Integrating the Visual Arts in the Curriculum, 강현석.김선아.김혜숙.안금희.이은적.이자현 역, 2006, 인지 중심 미술 교육론 탐구-교육 과정 개발의 새 접근, 교육과학사).

Fredrick, B., and Fuller, K., 1996, Linking Geography and Art: Inness' "The Lackawanna Valley". *Journal of Geography*, 95(6), 254-262.

Kaemmerling, E., 1979, *Ikonographie und Ikonologie: Theorien, Entwicklung, Probleme*(노성두, 박지형, 송혜영, 홍진경, 이한순 역, 1999, 도상학과 도상해석학, 사계절).

Sandler, M. W., 2008, 'how to read picure', Improving the use of socal studies textbook, *National council for the social studies*, 27-34.

Salib, P. N. (2015). The law of Banksy: Who owns street art?. *The University of Chicago Law Review*, 2293-2328.

Taylor, L., 2004, *Re-presenting geography, Chris Kingston Publish*, Cambridge, UK.

그림에 담긴 지리이야기

초판 1쇄 발행 2022년 9월 30일
초판 4쇄 발행 2024년 4월 25일

지은이 임은진·어우러지리교사모임
펴낸이 김선기
펴낸곳 (주)푸른길
출판등록 1996년 4월 12일 제16-1292호
주소 (08377) 서울시 구로구 디지털로 33길 48 대륭포스트타워 7차 1008호
전화 02-523-2907, 6942-9570-2
팩스 02-523-2951
이메일 purungilbook@naver.com
홈페이지 www.purungil.co.kr

ISBN 978-89-6291-984-4 03980